U0076699

何謂定律？

定律究竟是什麼？

在一定條件下即會成立的關係

各位是否曾在學校學到各式各樣的定律呢？例如，國中階段會學到「歐姆定律」（Ohm's law）。此外，還有與定律息息相關的「原理」，想必也有很多人都聽過「槓桿原理」。

簡單來說，定律與原理就像是自然界的「規則」一般。當我們運用定律與原理，就能夠解釋、預測自然界中發生的各種現象。

那麼，定律與原理之間有何關係呢？首先，原理是指「讓眾多現象成立的基本論點」，是在建立理論時的前提。另一方面，定律是指「在一定條件下即會成立的關係」。定律是由原理推導而來，並且可以用數學式以及語言來表述。定律與原理之間即有著如此相當的關係。

定律與原理的關係

出生於德國的物理學家愛因斯坦（Albert Einstein，1879～1955），根據相對性與光速不變兩項原理，建立了狹義相對論（special relativity）。在此理論中，他提出物質之質量轉換為巨大能量的定律「$E=mc^2$」（E為能量，m為質量，c為光速）。

愛因斯坦提出光速固定的「光速不變原理」。即使以光速追趕光，光看起來仍然以光速在前進。

相對性原理
物體無論是在以等速前進或靜止的情況中，均會以相同的方式運動。例如，在以等速前進或靜止的船上，從手上放掉的石頭皆會落在腳邊。這就稱為「（伽利略的）相對性原理」。

力與波的相關定律

自由落體定律

鐵球或是羽毛
均會同時落下

我們來設想當金屬球與羽毛從相同高度落下的情形。哪一個會先落下呢？應該有人會認為是金屬球先落下吧。

前述實驗，可以運用由義大利的科學家伽利略（Galileo Galilei，1564～1642）所發現的「自由落體定律」來說明。所謂自由落體定律，是指「自由落體的下落速度與其輕重無關。當下落時間變為 2 倍時，下落距離就為 4（$=2^2$）倍；當下落時間變為 3 倍時，下落距離就為 9（$=3^2$）倍」。**如果沒有空氣阻力的話，無論是輕盈的羽毛或是沉重的金屬球，均適用此一定律**。

根據實驗的結果，伽利略發現自由落體之下落距離會與下落時間的平方成正比。

沉重的金屬球或是輕盈的羽毛均會同時落下

右頁圖示為真空中下落之羽毛與金屬球所呈現的自由落體定律。自由落體定律為「如果沒有空氣阻力的話，無論羽毛或是金屬球均會同時落下。自由落體的下落速度與其質量無關，並且物體下落距離會與下落時間的平方成正比」。

伽利略
（1564～1642）

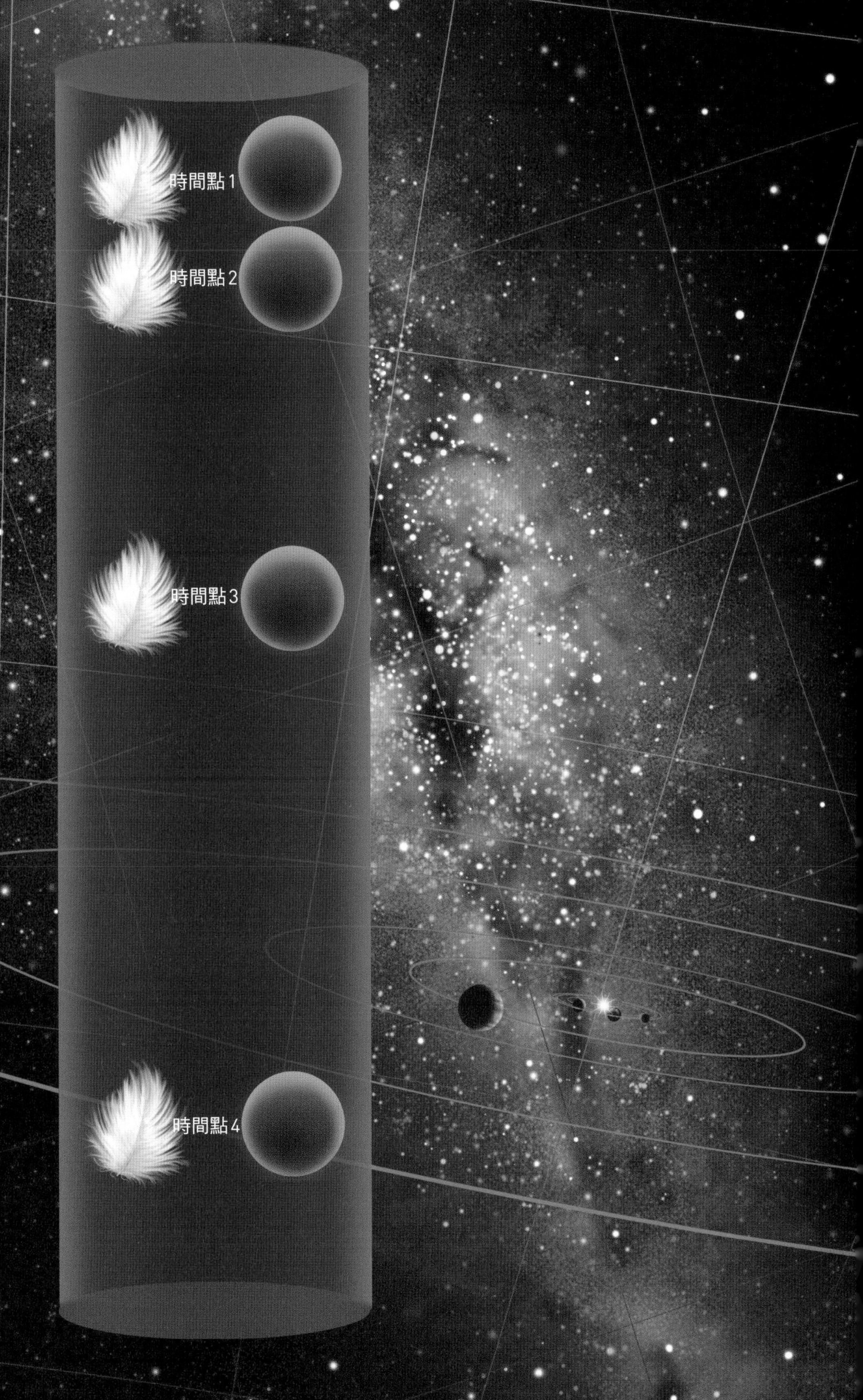
時間點 1
時間點 2
時間點 3
時間點 4

力與波的相關定律

慣性定律

如果沒有受力，則物體運動的方向與速度不會改變

試想在地板上推動冰箱的情景。如果不施力推動，則冰箱就馬上停止移動。「若沒有持續地受力，物體會停止移動」這點與我們日常生活的感受一致。

那麼，如果是「冰壺」這種競技比賽的情況呢？這是在平滑順溜冰面上使用巧勁滑動石壺的一項運動。然而當你放手推出石壺時，即使它不再處於受力的狀態，也會幾乎不停地持續向前移動。如此似乎就與前述的「常識」相違背了。

實際上，只要物體未承受來自他處之力，其運動方向與速度本來就不會發生變化。簡言之，在冰上滑動的石壺幾近於物體本來的運動模式。如果在沒有摩擦力的條件下移動冰箱與石壺的話，則兩者均會以固定的速度直線且持續地向前運動，這就稱為「慣性定律」（law of inertia）。

難以從日常的感受中體會慣性定律

如果按照日常的感受，很容易將物體的運動想像成如同右頁上圖所示，當不再施力時，物體就會停止移動。然而，物體本來的運動模式卻是像右頁下圖一樣，如果沒有受力的話，則物體運動的方向與速度不會改變。這就稱為「慣性定律」。

在地板上推冰箱的情形

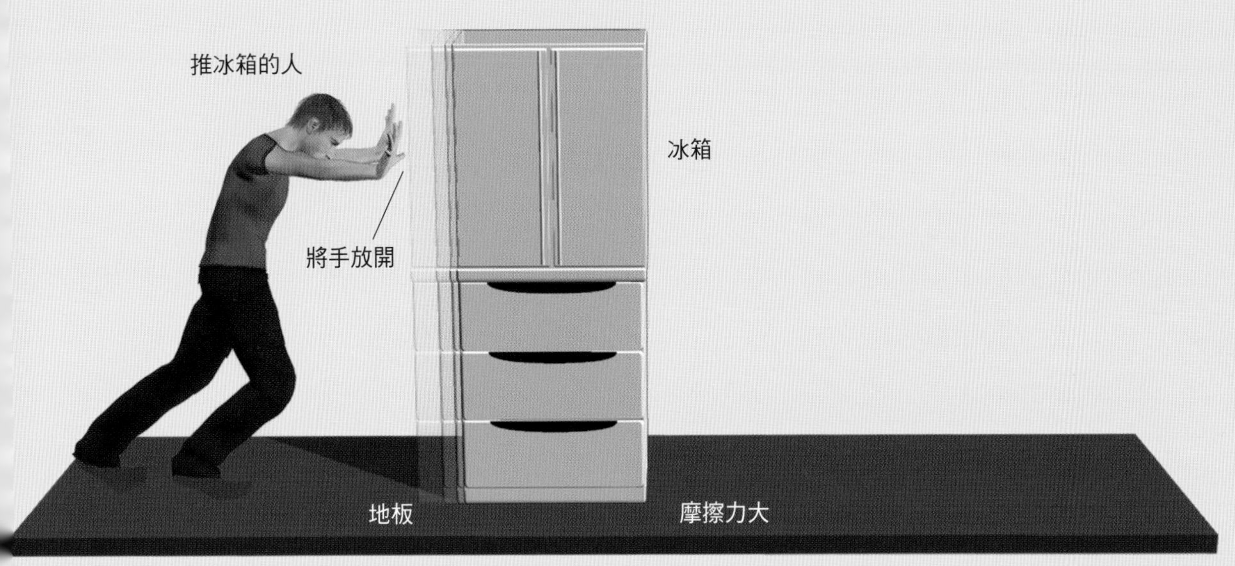

如果不再使力推動（冰箱不再受力），冰箱會因為摩擦力而馬上靜止不動。

在冰面上滑動石壺的情形（慣性定律）

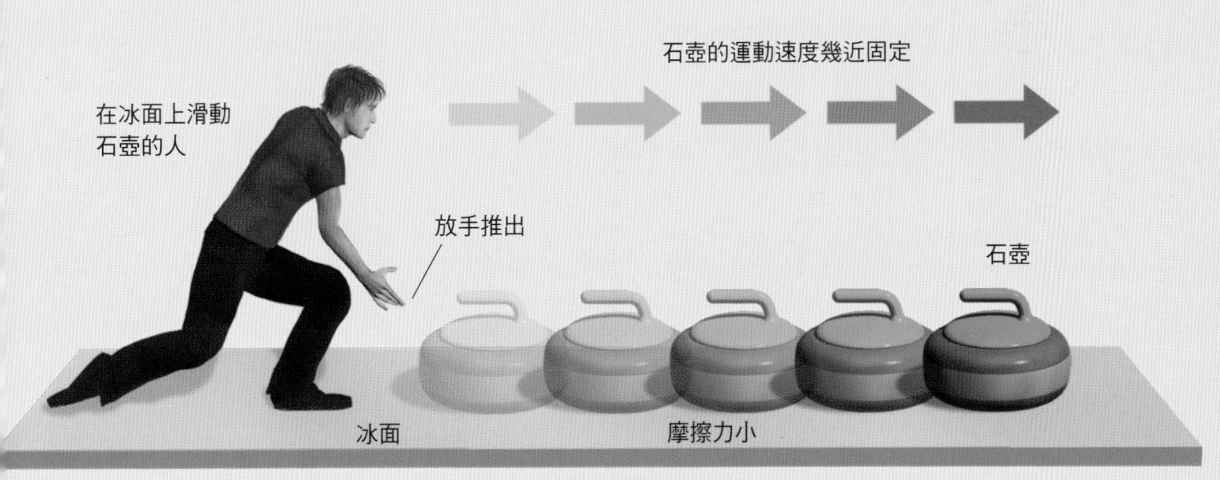

即使是放開手（石壺不再受力），石壺仍會以原本的速度朝著相同方向持續前進。此外，由於現實中冰面與石壺之間有些微的摩擦力與空氣阻力在作用，因此石壺最終還是會停止運動。

單擺的等時性

即使改變擺幅、擺重，來回擺動一次的時間也仍相同

當伽利略看見比薩大教堂中懸吊的水晶燈時，他注意到水晶燈搖擺的幅度無論大小，其來回擺動一次所花費的時間（週期）均相同。在此情形中，水晶燈屬於「擺」的一種，且會以（幾乎）相同的週期擺動。而此一性質，就稱為「單擺的等時性」（isochronism in a simple pendulum）。

然而，單擺的等時性，是當擺幅較小時才會接近成立的定律。在該定律

擺的奇妙性質

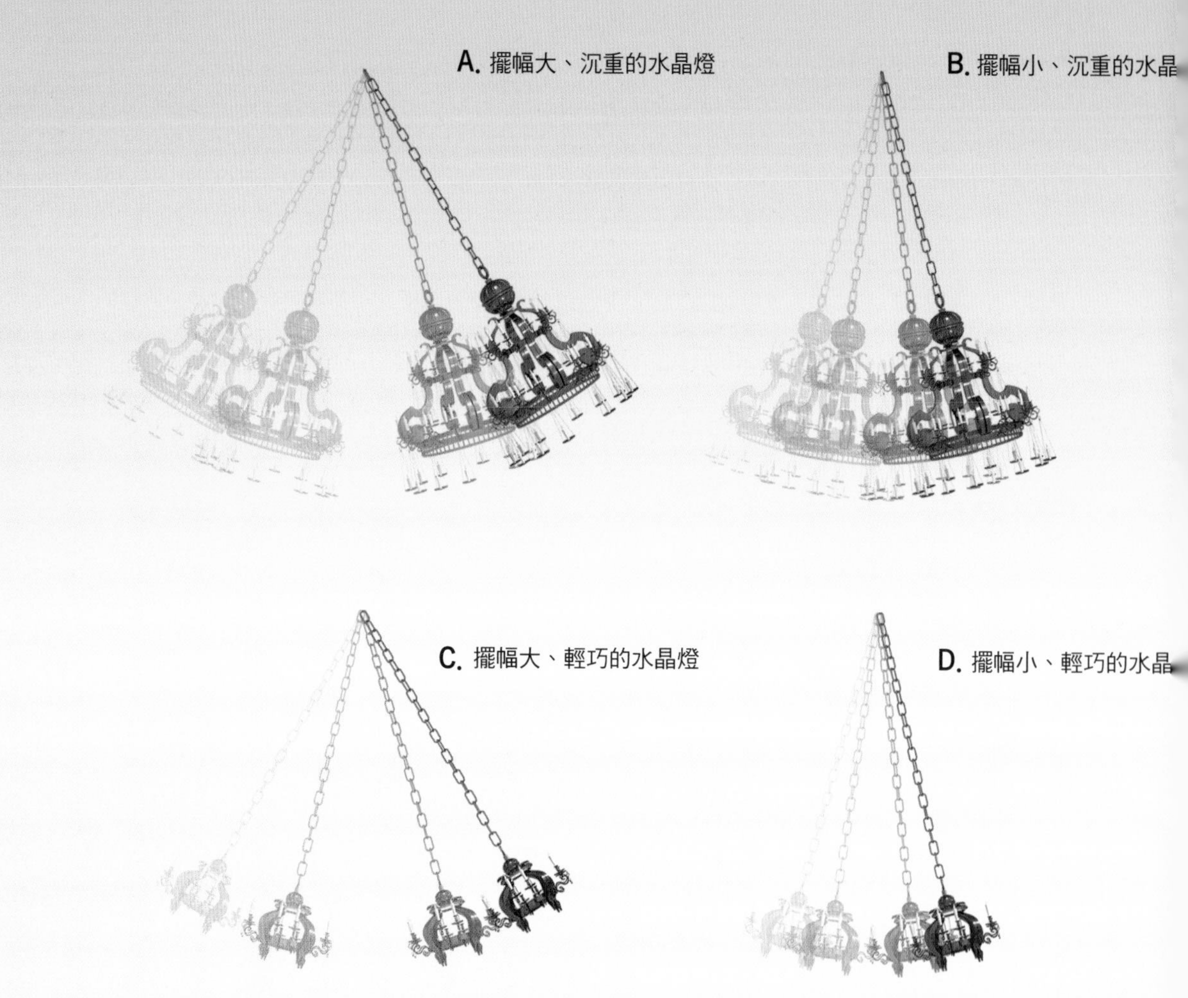

中，即使改變擺重，單擺仍會保有等時性。只要用相同的繩子，無論是吊起沉重或輕盈的水晶燈，擺動的週期均不會改變。

擺幅較小時的週期，可用右頁下方的公式來表示。由於圓周率（π）為常數，因此可以得知週期僅由繩長（l）以及「重力加速度」（g）這兩者決定。且因為地球上的重力加速度幾乎為固定值，所以，地球上擺的週期僅由繩長來決定。

即使改變擺幅、擺重，週期也不會有所變化

左頁圖示為擺幅與擺重改變的四個水晶燈（A～D）。在摩擦力跟空氣阻力予以忽略的情況下，如果吊繩長度均相同，則這些水晶燈全都會以相同的週期左右來回擺盪。

當繩長增加時，週期也會變長
上圖為改變繩長的擺，同時從相同角度（左方）放開的情形。當繩長增加時，來回擺動一次所花費的時間也會增加。

【擺的週期】

$$T=2\pi\sqrt{\frac{l}{g}}$$

T：擺的週期（單位 s：秒）
l：繩長（單位 m：公尺）
g：重力加速度（單位 m/s^2）
π：圓周率（＝3.14……）

力與波的相關定律

牛頓運動方程式

能夠預測物體未來將如何運動

英國天才物理學家牛頓（Isaac Newton，1642～1727）在1687年發表「運動方程式」（equation of motion）。舉凡投球的軌跡乃至人造衛星的軌道，我們都能應用運動方程式預測出這種種物體的運動方式。

運動方程式是用公式來呈現物體受力時會以何種方式運動的定律。如果把質量設為m，加速度設為a，力設為F，則「$ma=F$」就是運動方程式。假設能夠知道物體的質量，以及作用於物體的是何種力，那就能從運動方程式求出物體的加速度，並且得以預測出該物體將會如何運動。

然而，並不是作用力大小相同，所有物體的加速度就會相同。這是因為物體的質量越大，就越難加速。在物體上產生的加速度，與作用力的大小成正比，並與質量成反比。

力、速度與質量的關係

右頁圖所示分別為：力與物體運動速度的關係（上）、質量不同對物體運動所造成的影響（中），以及運動方程式的含義說明（下）。

受力時，物體的速度會發生變化
在冰面上滑動的石壺，會受到摩擦力而持續減速，最終停止。

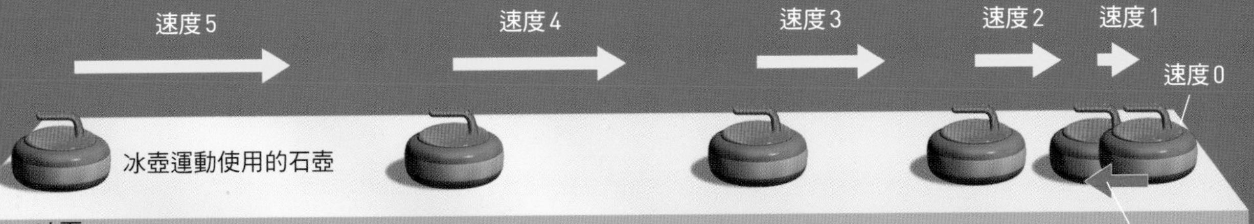

物體質量越大，越難加速
下圖就未載貨的較輕卡車（質量小）與載貨的較重卡車（質量大）兩者的加速方式作比較。假設加速之力相同，則較重卡車的加速度會變小，並且也較難以提升速度。

未載貨的較輕卡車（質量小）

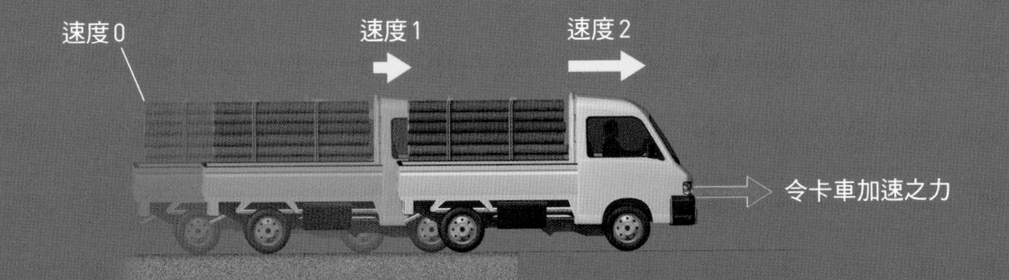

載貨的較重卡車（質量大）

運動方程式（牛頓第 2 運動定律）
此方程式的涵義為「在物體上產生的加速度（a），與施力（F）成正比，並且與質量（m）成反比」。

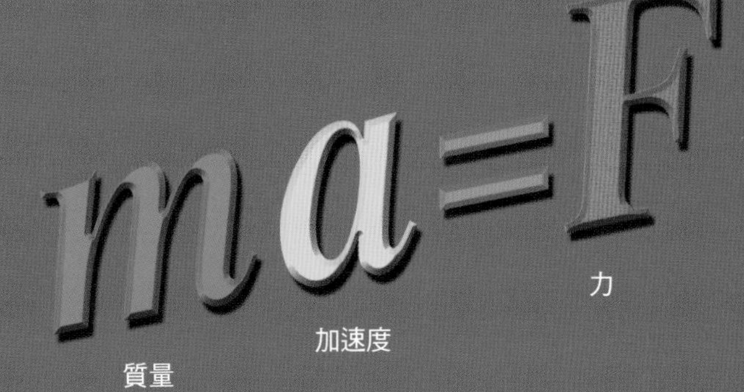

力與波的相關定律

虎克定律

彈簧拉得越開或壓得越緊，所蓄積的力就越大

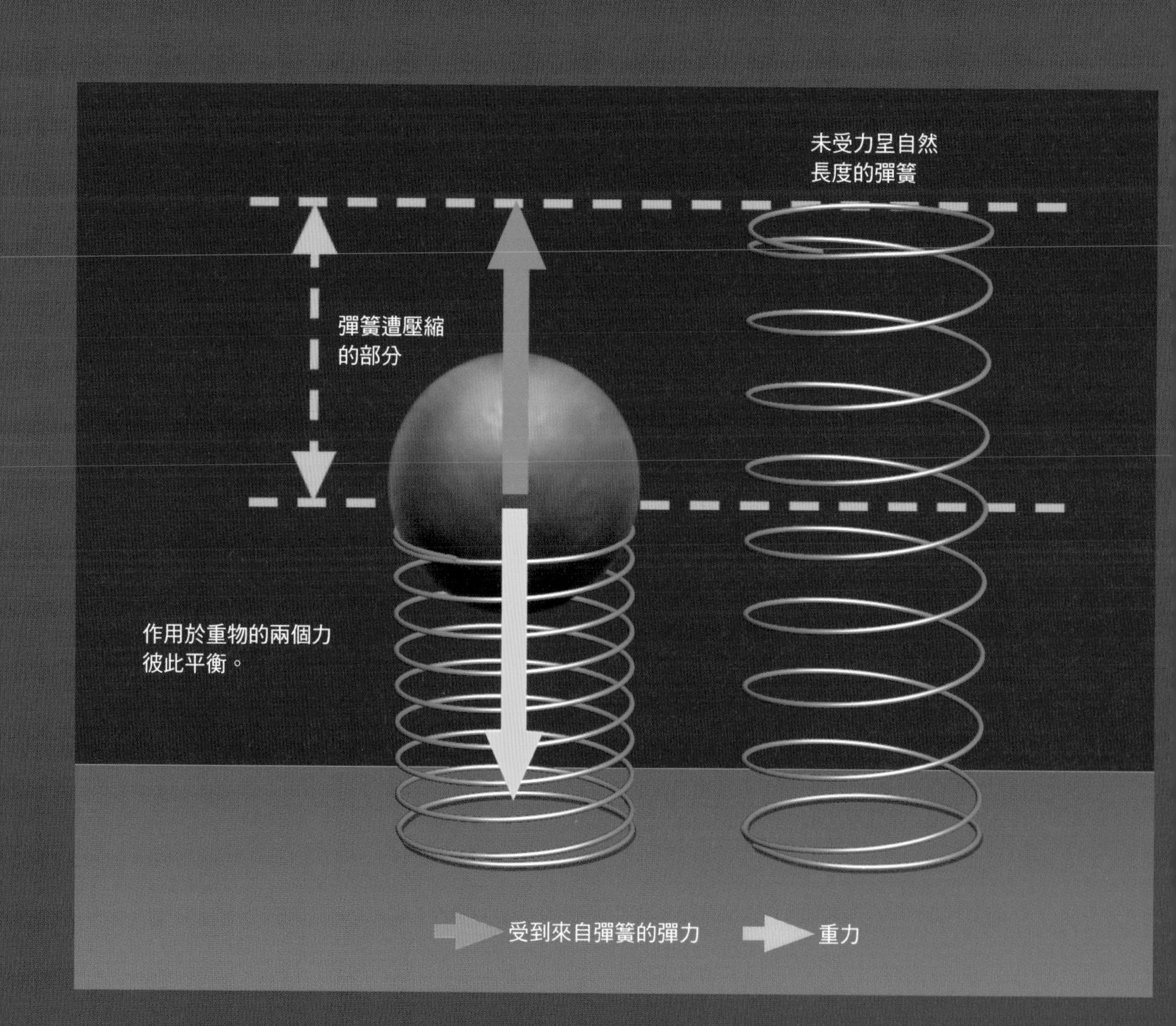

假設在彈簧上吊掛砝碼，讓它拉長伸展。此時，砝碼受到向上（彈簧朝向原來位置彈回）之力的作用。而該力會與砝碼施於彈簧之力剛好大小相同。這個力就稱為「彈力」。

彈力的大小會與彈簧自原本狀態拉長或壓縮的程度成正比（然此情形僅限於拉長或壓縮的程度不超過一定的極限）。簡言之，彈力會隨著彈簧越拉越長或是越壓越緊的程度而變得越大。

前述關係是在1660年由英國物理學家虎克（Robert Hooke，1635～1703）所發現，並因而得名「虎克定律」（Hooke's law）。虎克定律也用於設計彈簧秤。

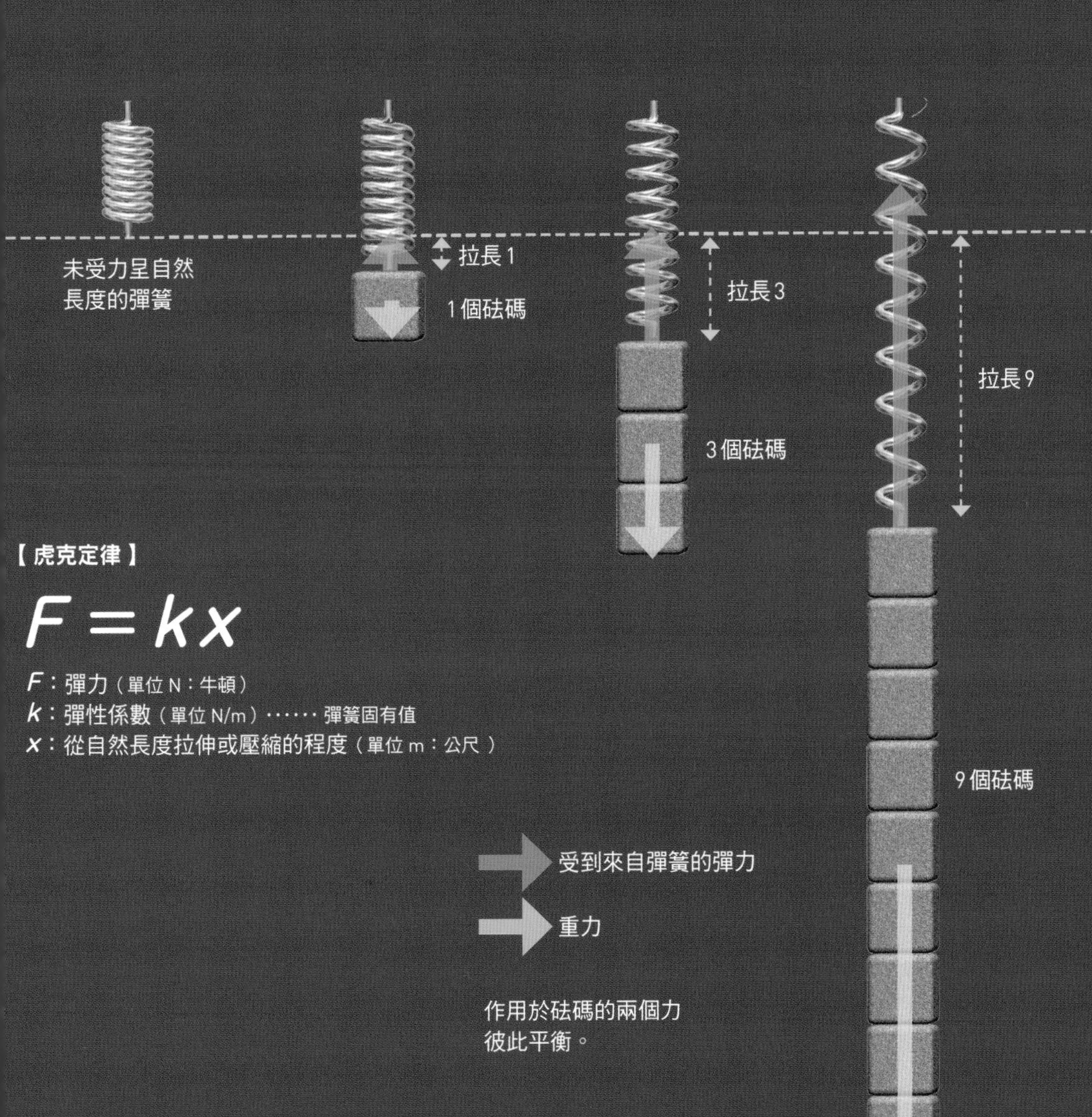

【虎克定律】

$$F = kx$$

F：彈力（單位N：牛頓）
k：彈性係數（單位N/m）……彈簧固有值
x：從自然長度拉伸或壓縮的程度（單位m：公尺）

力與波的相關定律

動量守恆定律

火箭得以在宇宙中飛行的原因

動量（momentum）經定義為「物體的質量（m）×速度（v）」。由於速度是包含方向的物理量，因此動量也含有方向性。「只要不受到來自外部的施力，物體所含有的動量總和就不會改變」即稱為「動量守恆定律」。此定律也已經由牛頓予以嚴謹地證明。

如果人類沒有發現動量守恆定律，則太空航行就不可能實現。由於火箭

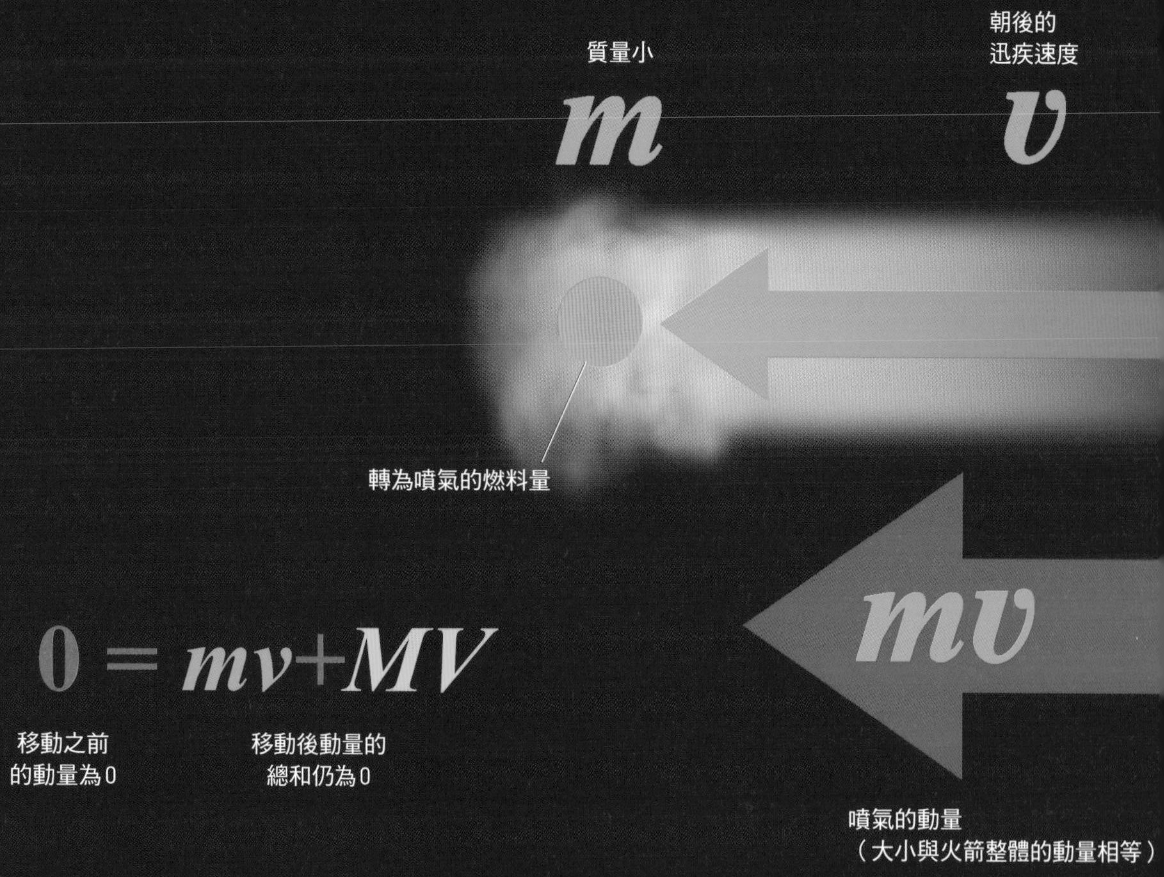

質量小

m

朝後的
迅疾速度

v

轉為噴氣的燃料量

mv

噴氣的動量
（大小與火箭整體的動量相等）

$$0 = mv + MV$$

移動之前的動量為0

移動後動量的總和仍為0

在太空中呈現靜止狀態，動量為零，因此太空船無法前進。為了要向前行進，就必須將燃燒燃料所產生的氣體往後噴出，從而令噴氣具有「朝後的動量」。

火箭在開始時若是處於靜止狀態，那麼它與噴氣的動量總和即保持為零。從而可得知，推動火箭的動量，其大小會剛好與噴氣的動量相同，然方向卻與之相反，故而能往前推。因此，火箭便向前行進。

動量守恆定律

假設有數個物體相互撞擊，導致其中一個分裂為數個小物體。然而只要不受到來自外部的施力，則分裂前後的動量總和仍然不會改變。儘管動量含有方向性，但在任何方向上的動量依然守恆。

朝前的
緩慢速度

V

質量大

M

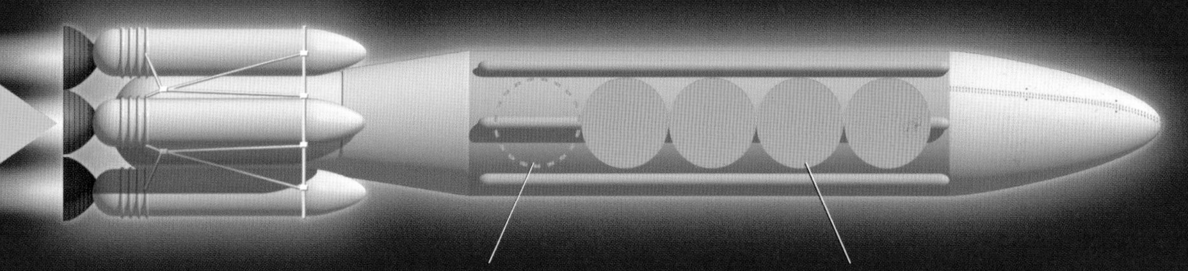

消耗的燃料

燃料載運狀態

MV

火箭整體的動量
（大小與噴氣的動量相等）

當朝後的動量不存在時，
物體即不會前進

為了要讓質量（*M*）大的火箭以速度*V*向前行進，那麼，質量（*m*）小的噴氣就必須要以更快的速度*V*朝後噴出。

力與波的相關定律

角動量守恆定律

當物體縮起時，旋轉速度就會加快

於1967年發現的神奇天體，會以大約1秒的週期規律地閃爍（放出脈衝）。

命名為「脈衝星」（pulsar）的這個天體，在當時是個謎團。不過由於脈衝星是個僅會朝特定方向發光的天體，若設想其光芒僅在它自轉且朝地球放射時才能觀測到，就可解釋脈衝星閃爍的原因。

然而問題是，這意謂脈衝星自轉的

按照角動量守恆的定律，高速旋轉的星體於焉誕生

質量大的巨型恆星在燃燒殆盡時，便再也無法支撐其本身的重量，導致中心部分急速地劇烈塌陷。而恆星中心部位由鐵聚集而成的核心，在塌縮的過程，就會產生中子 「核心」。由此誕生出來的中子星，即使半徑小到僅只10公里左右，質量卻達到與太陽相同的程度。而由於質量大多集中在自轉軸附近，因此中子星便以極高的速度進行自轉。

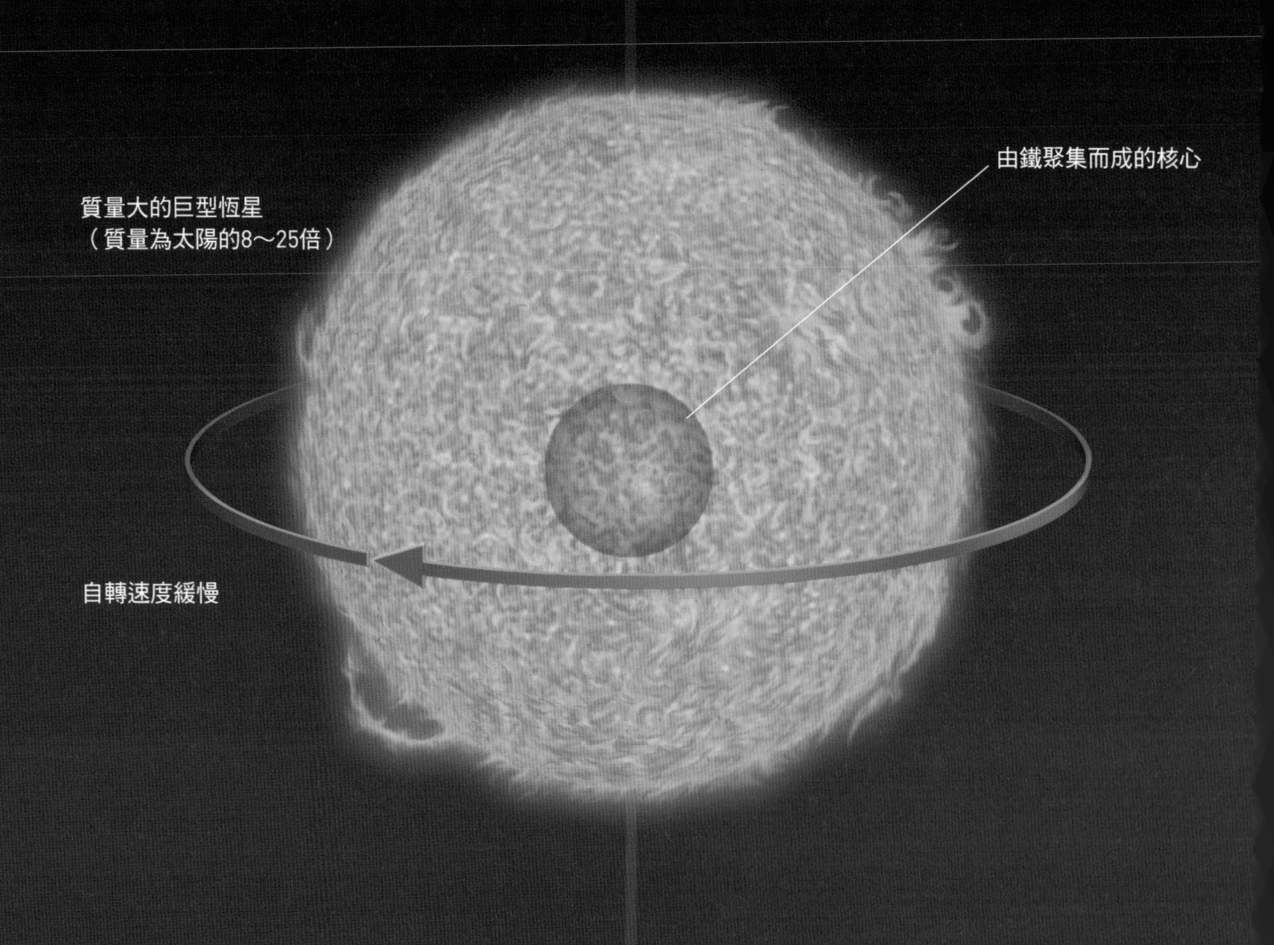

速度必定非常快。一般來說，如果自轉的速度過快，它應該會因為離心力的作用，導致無法維持住恆星的形態才對。

解開這個謎團的關鍵，就是「角動量守恆定律」（law of conservation of angular momentum）。根據此定律，當旋轉的物體縮起（旋轉半徑變小）時，則旋轉速度就會加快。也就是說，如果物體縮起的話，其自轉速度就會變快。

而脈衝星的真實樣貌，就是質量大的巨型恆星在生命終結階段，其中心部分塌縮後殘留下來的小型星體──「中子星」（neutron star）。

質量　旋轉速度　旋轉半徑　常數

$$m \times v \times r = const.$$

角動量守恆定律

物體的質量（m）、旋轉速度（v）與旋轉半徑（r）三者乘積為常數。當不知道質量（m）的時候，旋轉半徑（r）越小，則旋轉速度（v）越快。反之，旋轉半徑越大，則旋轉速度越慢。

地球所觀測到的光（電磁波）

塌縮的中心鐵核

中子星（脈衝星）

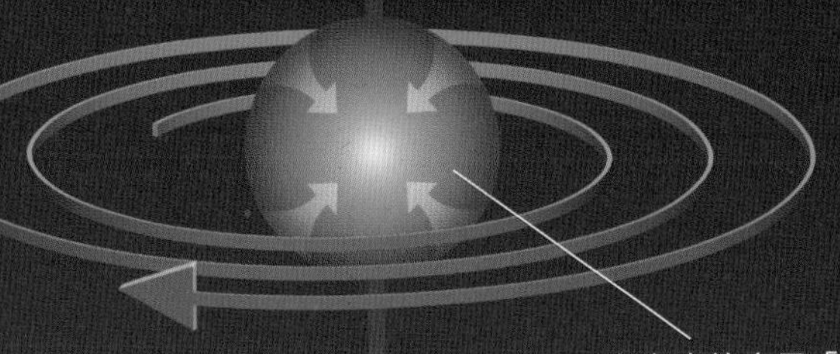

旋轉半徑變得極小且以高速進行自轉

高密度的中子「核心」

中心部分塌陷後，旋轉半徑變小而自轉速度加快

波的反射與折射定律

波會朝著特定的方向反射與折射

當光與聲音之類的波從空氣中進入水這樣的介質時，一部分波會從介面反射出來，同時，剩下的波則會折射並且持續前進。

波經反射或折射後的方向（角度），各依循不同的定律。

取與反射面垂直的直線（法線，normal）為準，入射波與法線之間的夾角就稱為「入射角」（angle of incidence）。相對於此，法線與反

1. 反射定律

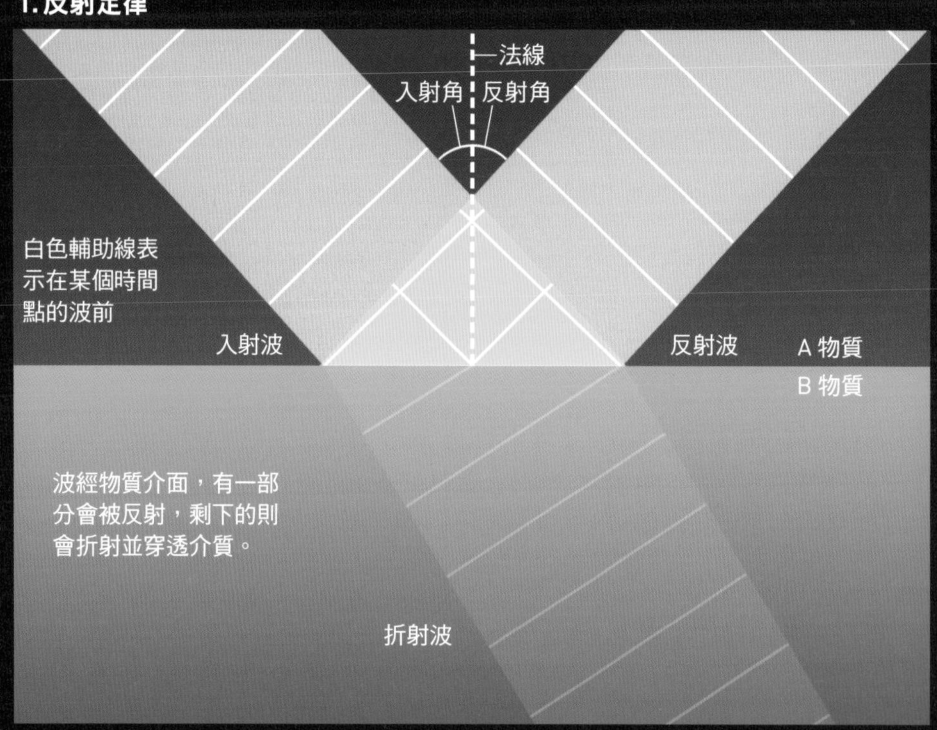

波的反射角度與射入角度相等
波以法線為準，會以與入射角相同的角度反射。

射波之間的夾角就稱為「反射角」（angle of reflection）。反射角等於入射角，此即「反射定律」（law of reflection）。

另一方面，波折射取與折射面垂直的直線（法線）為準，則折射波與法線之間的夾角就稱為「折射角」（angle of refraction）。折射角與入射角之比（入射角／折射角）為固定值，這就是「折射定律」（law of refraction），也稱為司乃耳定律（Snell's law）。波以物質介面為界產生折射，乃因在不同物質的行進速度不同所致。

波的反射與折射各有定律依循

波的反射角度與折射角度各有其定律，分別名為「反射定律」與「折射定律」。

2. 折射定律

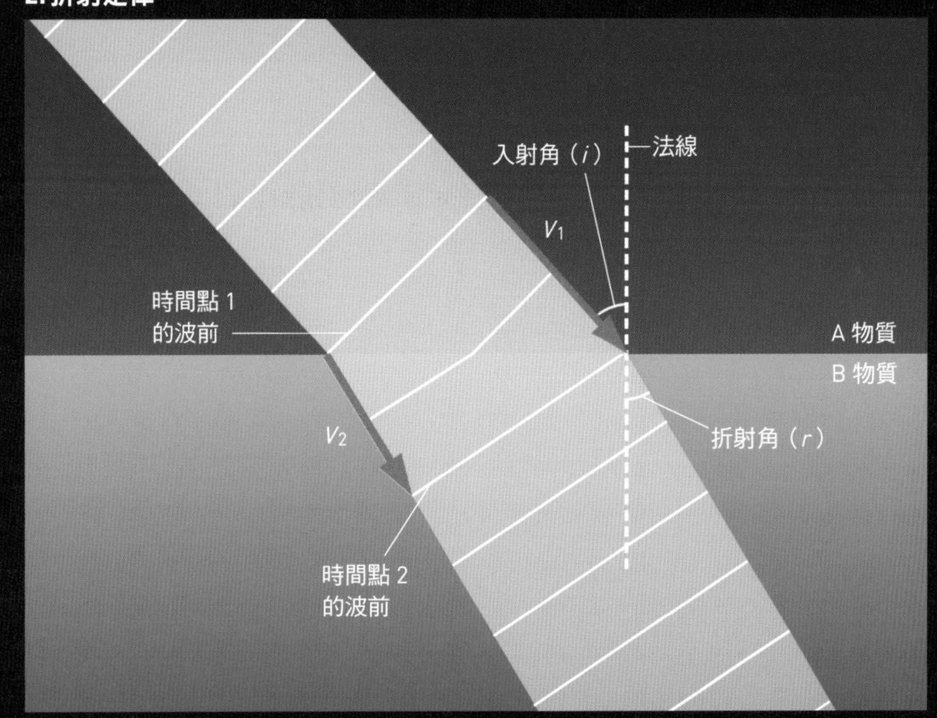

sin 入射角與 sin 折射角之比總是為固定值

入射角 i、折射角 r 以及在 A、B 物質中的波速分別為 V_1、V_2，四者之間會成立 $\sin i / \sin r = V_1 / V_2 =$ 折射率的關係，這就稱為折射定律。

力與波的相關定律

惠更斯原理

每個波都是由
無數個波疊加而成

水波與聲波即使在傳播過程中遇到障礙物，也會繞過該障礙物繼續前進。然而，同屬於波的光卻不太會出現前述現象，這也就是在大晴天裡，熾烈陽光下影子能有清楚輪廓的原因。**而能夠解釋前述機制的原理，正是取名自荷蘭科學家惠更斯（Christiaan Huygens，1629～1695）的「惠更斯原理」（Huygens principle）。**

惠更斯原理

在某個時間點，波面（波前）上的各個點會各成新波的發生點（點波源），並製造出無數個球面狀（水面波則為圓形）的小型波（子波）。而在下一個時間點製造出的波面，就是由前述這些無數個子波所疊加而成。

某個時間點的波面（波前）

下一個時間點的波面（波前）

波的行進方向

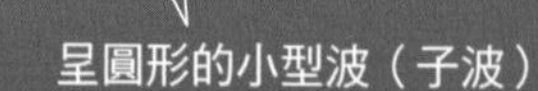

惠更斯
（1629～1695）

惠更斯原理即用於解釋波的波面是如何產生的，其涵義為「波前（波面）上的各個點會產生無數個球面狀（水面波則為圓形）的波。透過這些球面狀的波彼此疊加，就會形成下一個時間點的波面」（左頁圖示）。

順著這個原理來思考，我們就能解釋波在通過障礙物的縫隙後，能否繞到障礙物後方繼續前進的關鍵，即取決於該波的波長，以及波所通過之縫隙的大小。

波在較小縫隙的前端擴散並繞到障礙物後方，這就是所謂的「繞射」（diffraction）現象。

短波長的情形

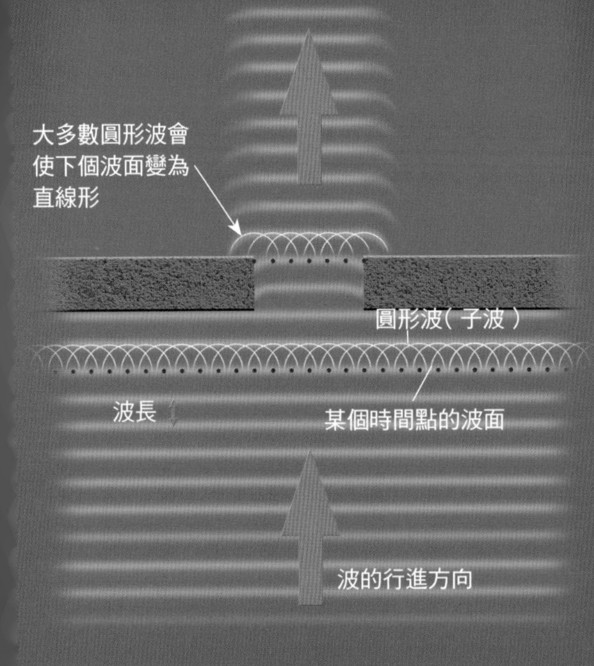

波長較短時，波在縫隙前端不太會擴散開來
當波長相對於縫隙而言非常短的時候，則在縫隙的前端，大多數圓形波仍然能夠「保存」下來。因此，透過許多圓形波彼此疊加，波面能夠保持一直線，讓波即使在縫隙的前端也不太會擴散。

長波長的情形

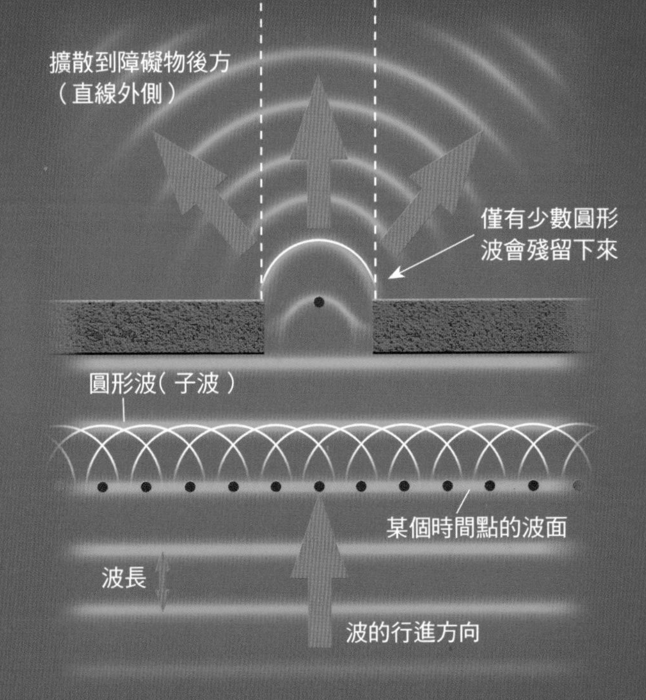

波長較長時，波在縫隙前端會擴散開來（繞射）
當波長相對於縫隙而言非常長的時候，由於縫隙前端僅有少數的圓形波會「保存」下來，因此波會呈扇形狀擴散開來，這就是繞射現象。

Column

Coffee Break

從踢足球看運動三定律

放置在地面上的足球如果不去動它，即使過得再久，足球也不會有任何動靜，這就是「慣性定律」的其中一個例子。意即「如果物體沒有受到來自外部的力，則靜止的物體會持續靜止，而運動中的物體會以固定的速度持續運動」。

當腳踢足球的瞬間，球體受「力」

從足球賽的自由球看運動定律

2 運動方程式（牛頓第 2 運動定律）
施力踢球時，球體會開始加速並移動。

作用於球的力

1 慣性定律（牛頓第 1 運動定律）
如果不做任何動作，則無論時間多久，置於地面上的球也不會有任何動靜。

而開始「加速」並移動，朝向球門飛去。物體會因為受力而導致運動的模式改變，牛頓便將作用於物體的力與運動模式之間的關係，以「運動方程式」來表示（參照第10頁）。

足球會受到重力作用，以拋物線的軌跡落下。當球體撞到門柱時，儘管它會施力於門柱，但它本身也會受到與其施力大小相同但方向相反的力，這就稱為「作用與反作用定律」（law of action and reaction）。因此，球體的運動方向會改變（被彈開）而飛出去。

3 作用與反作用定律（牛頓第3運動定律）
撞到門柱的球，其運動方向會改變並被彈飛。

電與磁的定律

庫侖定律

即使遠離也能作用的電與磁力

墊板摩擦頭髮後再拿開置於頭頂稍高處，有些髮絲會豎起。此時墊板上聚集有負電，頭髮則聚集有正電。頭髮之所以會豎起來，是因為兩者所帶的正電與負電互相吸引的緣故。而「電荷」（electric charge）的存在，正是使電力現象得以成立的基本要素。

磁鐵也具有吸力和斥力。磁鐵的N極與S極，彼此會與相異的磁極互相

由電荷產生的電場示意圖

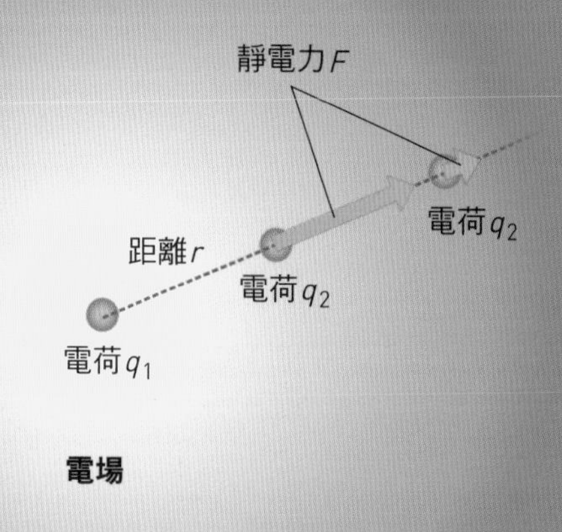

註：僅顯示由電荷q_1所產生的電場。

與靜電力相關的庫侖定律

靜電力的大小與電荷的大小成正比，與距離的平方成反比，此即表示靜電力的「庫侖定律」。

$$F = k_0 \frac{q_1 q_2}{r^2}$$

F：靜電力（單位N：牛頓）
q_1，q_2：電荷（單位C：庫倫）
k_0：在真空中的比例常數（9.0×10^9）（單位$N \cdot m^2/C^2$）
r：距離（單位m：公尺）

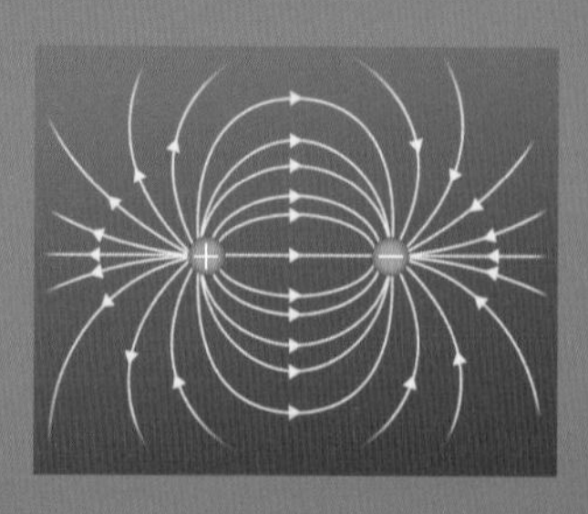

電力線

吸引，而與相同的磁極互相排斥，此即所謂的「磁力」。

為什麼電荷與磁極（磁鐵）的力，對稍微有點距離的地方也能夠發揮作用呢？

現代物理學認為，電荷與磁極會為了施力於四散在周圍空間中的電荷與磁極，從而改變空間的性質，這樣的空間性質就稱為「場」（field）。電荷周圍所產生的場稱為「電場」（electric field），而在磁極周圍所產生的場稱為「磁場」（magnetic field）。

如何表現看不見的電場與磁場

電場的方向與強弱，可以用「電力線」（line of electric force）這類帶有箭頭的示意線來表現。箭頭所代表的是由正電荷出而負電荷入的方向。磁場也能採用和電力線一樣的線來表現，這些線便稱為「磁力線」（line of magnetic force）。

由磁極產生的磁場示意圖

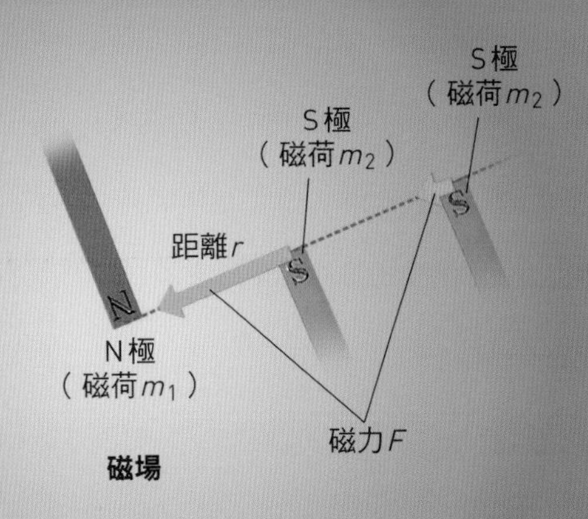

註：僅顯示由N極（m_1）所產生的磁場。

與磁力相關的庫侖定律

與靜電力相同，磁力的大小同樣與磁荷（N極為正，S極為負）的大小成正比，與距離的平方成反比，此即表示磁力的「庫倫定律」。

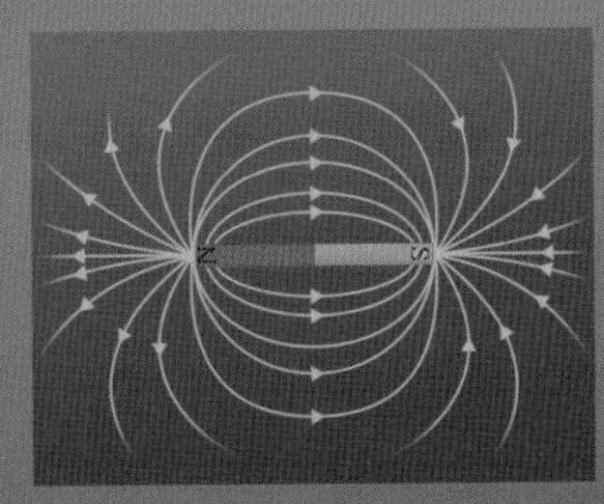

磁力線

$$F = k_m \frac{m_1 m_2}{r^2}$$

F：靜電力（單位N：牛頓）
m_1，m_2：電荷（單位Wb：韋伯）
k_m：在真空中的比例常數（6.33×10^4）（單位$N\cdot m^2/Wb^2$）
r：距離（單位m：公尺）

電與磁的定律

歐姆定律

電流、電壓與電阻之密切關係

「歐姆定律」用於表示電流（I）、電壓（E）與電阻（R）之間的關係。

根據歐姆定律，電流與電壓為正比關係。此外，電壓與電阻也是成正比關係，但電流與電阻則成反比。以表示式來總結，即電壓＝電阻×電流（$E=RI$）。

電阻的值會因為導線的種類及形狀而有所不同。在電流通過相同導線的情形中，由於電阻值固定，因此如果想讓電流更大的話，會需要更高的電壓。又或是讓相同大小的電流通過電阻較大的導線，那麼也會需要更高的電壓。

反之，如果將前述現象倒過來看，那麼，在電壓大小固定的情況之下，導線電阻較大，則通過的電流反而會變小。

表示電流、電壓與電阻關係的「歐姆定律」

當電流通過電阻相同的導線時，電壓越高則電流越大。另一方面，當施加的電壓相同時，導線的電阻越大則通過的電流越小。

【歐姆定律】

$$E = RI$$

電壓 單位（V）　電阻 單位（Ω）　電流 單位（A）

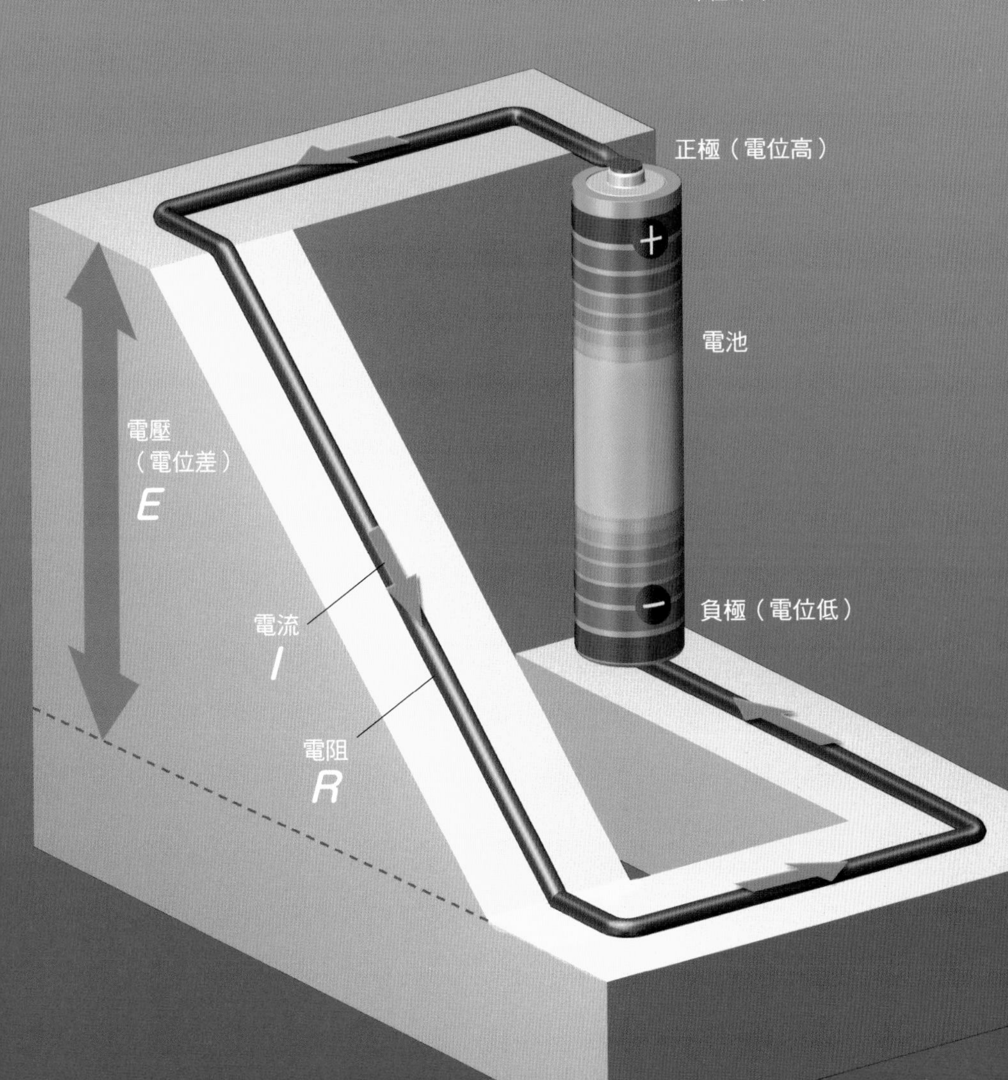

電與磁的定律

焦耳定律

電子與原子「碰撞」會產生熱

開啟電源後，電暖爐與熨斗等電器馬上就會變熱。像這樣藉由電流流通而產生的熱，就稱為「焦耳熱」（Joule heat）。這種熱的所謂焦耳一詞，乃取自英國物理學家焦耳（James Joule，1818～1889）之名字。

焦耳將導線置於水中，並令電流通過該導線。藉此實驗，他成功導出電流與所產生的熱量這兩者之間的關

推導焦耳定律的實驗

如果將鎳鉻合金線放入水中並令電流通過，藉由確認水溫上升多少，求出其所產生的熱量。在各種不同的條件下進行此項實驗，便能推導出焦耳定律。

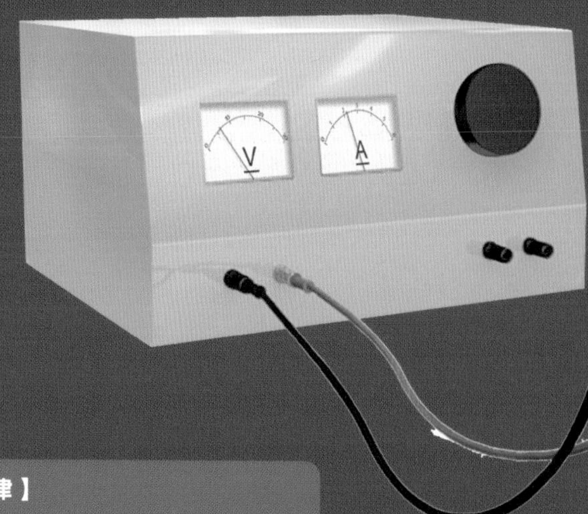

【焦耳定律】

$$Q = I^2 \times R \times t$$

Q：產生的熱量（單位 J：焦耳）
I：電流（單位 A：安培）
R：電阻（單位 Ω：歐姆）
t：電流流通的時間（單位 s：秒）

係。焦耳在這項實驗當中，先將鎳鉻合金（nichrome）線放入水中。這是一種電阻（電流流動的難度）非常大的合金。然後，令電流通過鎳鉻合金線，並以溫度計來測量水溫的上升程度。藉由電流與電阻大小的改變進行實驗，就能夠求出電流與電阻的大小及其與熱量之間的關係。

由此推導而來的焦耳定律（Joule's law），意謂「產生的熱量（Q）會與電流（I）的平方以及電阻（R）成正比」關係。

電子與原子「碰撞」會產生熱

以微觀角度呈現鎳鉻合金線的示意圖。鎳鉻合金線中的原子與電子「碰撞」，原子的振動因此變得激烈，這就是熱的產生機制。

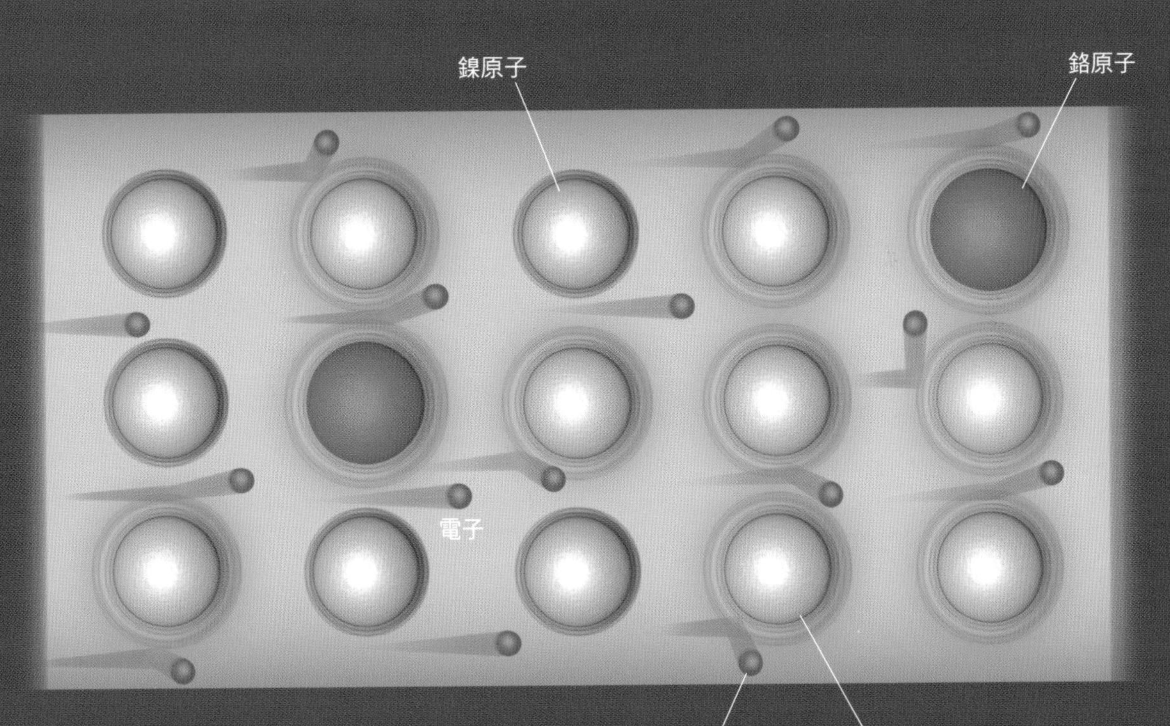

電與磁的定律

安培定律

在電流的周圍
會產生向右的磁場

電流與磁力之間有著密不可分的關係。當電流通過平直導線，導線附近會產生同心圓狀的磁場。而這個磁場的方向，則是取決於電流的流向。

以拴緊螺絲釘的動作來設想。首先將通過導線的電流流向視為螺絲釘（右旋螺釘）朝前拴進的方向。此時，試圖拴緊螺絲釘的旋轉方向，就會是磁場的方向（N極受到磁力作用

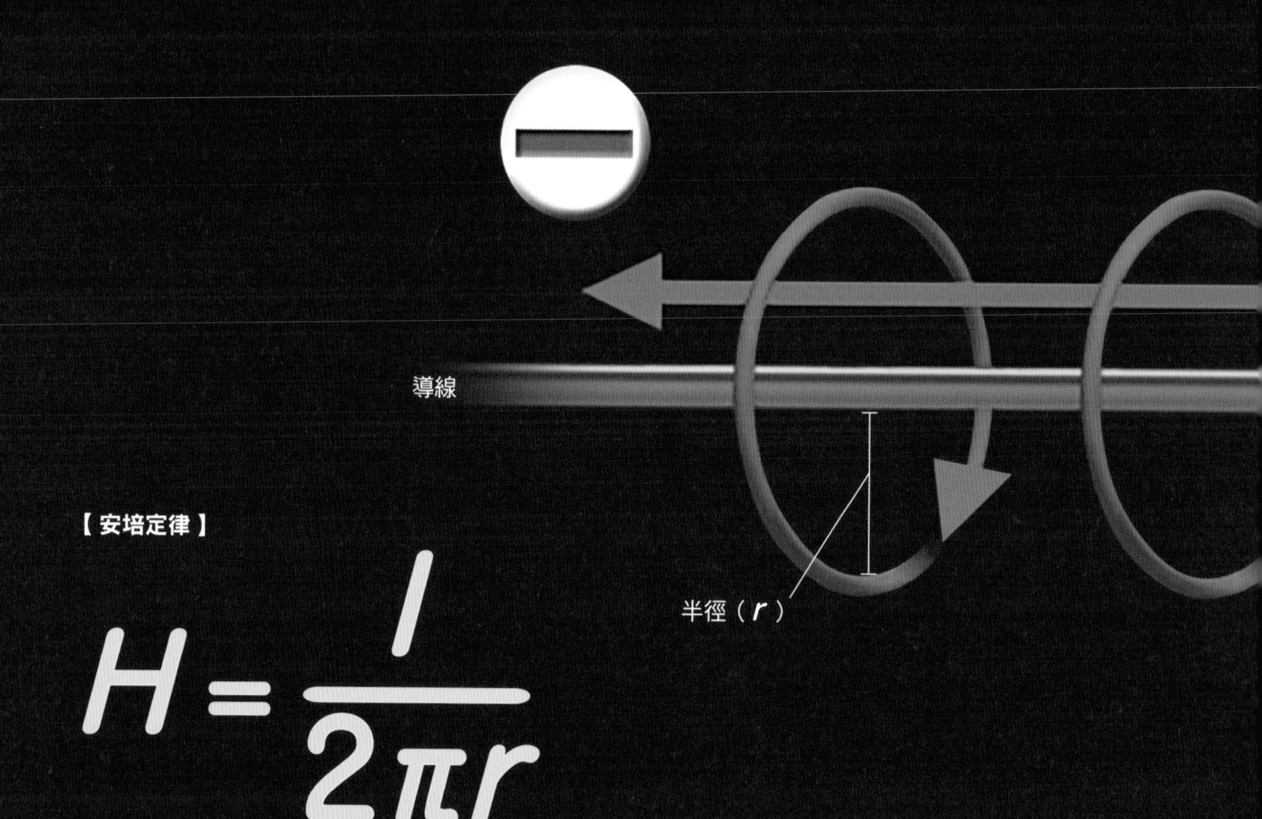

【安培定律】

$$H = \frac{I}{2\pi r}$$

H：磁場強度（單位N/Wb）
I：通過的電流（單位A：安培）
r：圓半徑（單位m：公尺）
π：圓周率（3.14……）

的方向）。這種關係就稱為「右手定則」（right-hand rule）。

接下來，我們就能夠從通過的電流以及同心圓的半徑求出此時產生的同心圓狀磁場的強度。電流越大，則越靠近導線之處（簡言之，同心圓半徑越小）的磁場就越強。此定律是法國物理學家安培（André-Marie Ampère，1775～1836）所闡明的，故以定律的發現者來命名而稱為「安培定律」（Ampère's law）。

電流通過時直線周圍產生的磁場與安培定律

如下圖所示，當電流通過平直導線時，會產生按右手定則指向的同心圓狀磁場。位於同心圓圓周上的磁場強度均相同。假設同心圓半徑為r，則圓周長為$2\pi r$。這個圓周長$2\pi r$與磁場強度（H）的乘積就是通過的電流（I）大小。簡言之，$I=2\pi r \cdot H$。如果將此等式予以調整（左頁下方式子），就能求出直線電流所產生的磁場強度了。

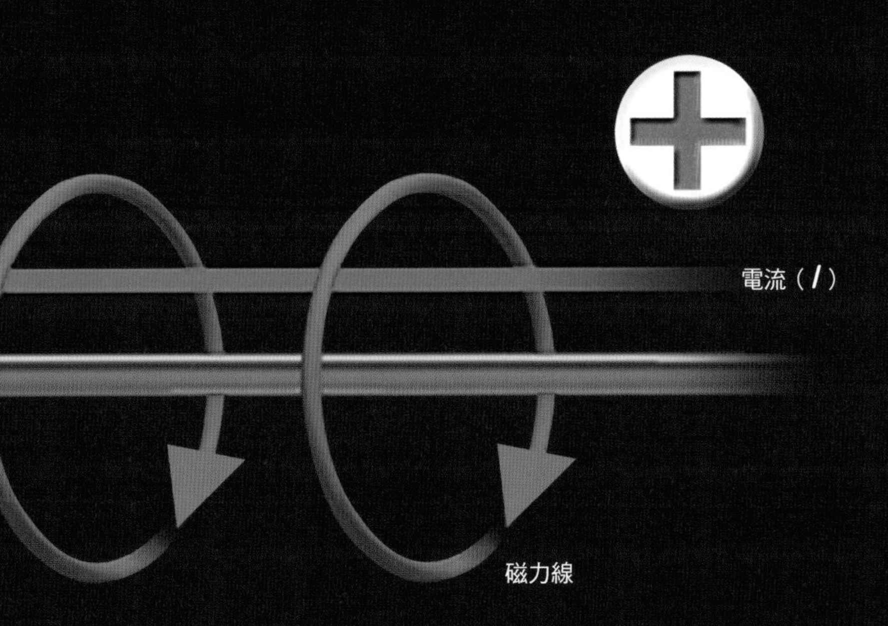

電與磁的定律

弗萊明左手定則

運用左手以確認「電、磁、力」三者的方向

磁力作用所及的空間就稱為「磁場」。如下圖所示，我們設想在磁鐵的N極與S極之間有一條導線（圖中為鋁製短棒），接著令「電流」通過這個導線！如此一來，通過導線的電流，就會受到來自磁場且方向固定的「力」。

此時，磁場、電流與力這三者的方向，能夠以左手指向來表示的就是「弗萊明左手定則」（Fleming's

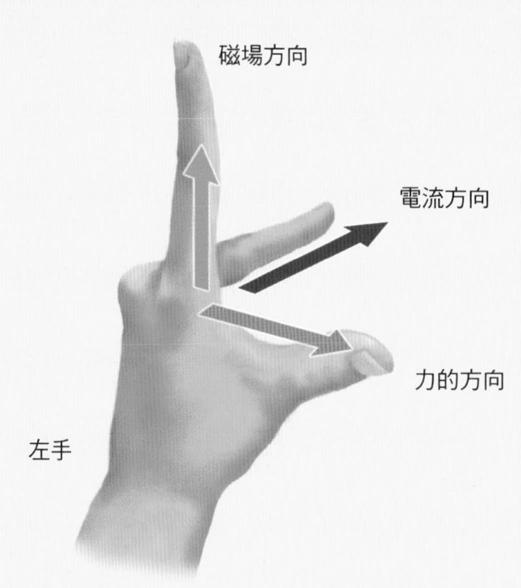

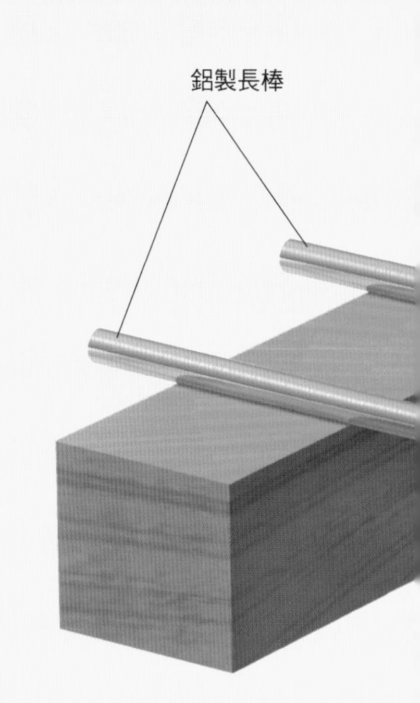

弗萊明左手定則
將左手的食指、中指與大拇指以彼此互相垂直的方式伸直。當食指朝向磁場的方向（N極到S極的方向），中指朝向電流的方向（電源正極到負極的方向）時，大拇指所指就是力的方向。有記憶法以「電、磁、力」的口訣依序確認中指、食指與大拇指所代表的角色。

接著，當食指朝向磁場的方向（N極到S極的方向），中指朝向電流的方向（電源正極到負極的方向）時，大拇指所指就是力的方向。

當電流通過磁場中的導線時，力就作用於導線

在磁鐵的N極與S極之間放入2根鋁製長棒，並於長棒上再放置1根鋁製短棒。當長棒接上電源時，短棒就會移動。這是因為在電流通過的短棒上有力在作用的緣故。如果運用弗萊明左手定則，我們就能清楚了解力的作用方向。

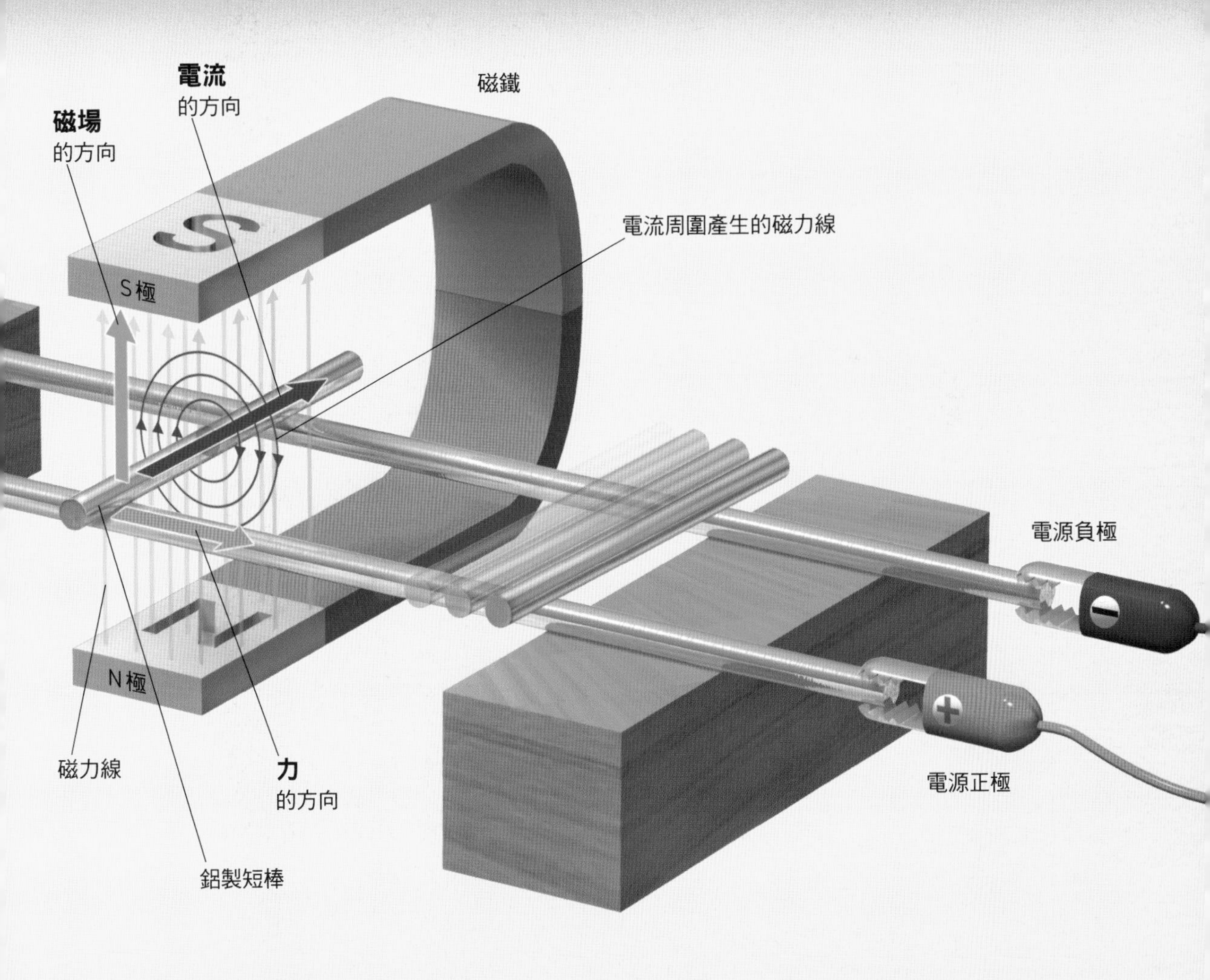

電磁感應定律

發電機能夠產生電流的原因

如果前一單元的實驗證明電流能夠產生磁力，那麼反過來說，我們可以推測，或許磁力也能夠產生電流。

英國物理學家暨化學家法拉第（Michael Faraday，1791～1867）發現，如果磁鐵在線圈中移動，就會有電流流動。而單純只是磁鐵靠近線圈的話，則不會產生電流。

這顯示「當貫穿線圈之磁力線的

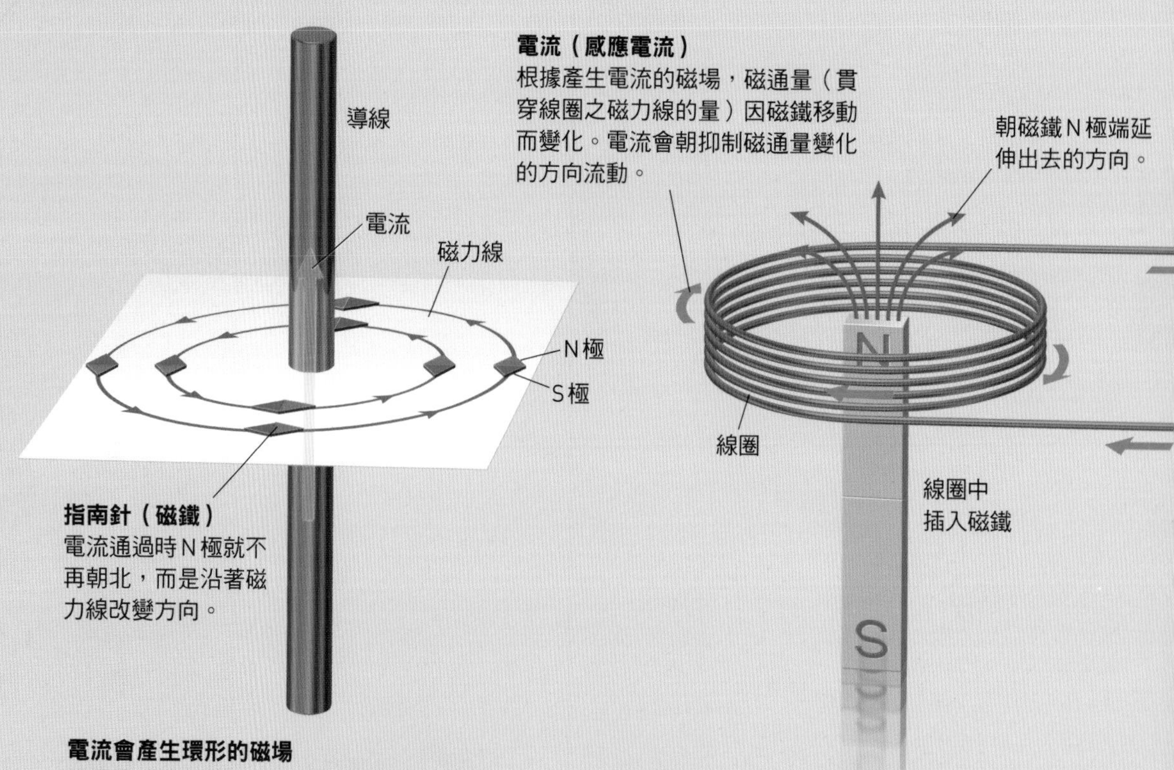

指南針（磁鐵）
電流通過時N極就不再朝北，而是沿著磁力線改變方向。

電流會產生環形的磁場
當電流通過導線時，在其周圍會產生環型的磁場。磁場是指空間中的各個點都具有的性質，令該空間中的磁鐵都朝著它的方向。將各個點的磁場方向連結起來就是磁力線。

磁場變化會產生繞圈電流（電磁感應）
線圈中插入磁鐵，當磁鐵移動就會產生電流（感應電流）。然而，當磁鐵維持靜止，由於磁場沒有變化，因此不會有電流流動。

量有所增減，則線圈上會發生電壓，進而產生電流」，此即「電磁感應定律」（law of electromagnetic induction）。

發電機正是應用電磁感應定律的例子。如右頁圖所示，發電機藉置於線圈旁的磁鐵旋轉來產生電流（交流電，alternating current）。這是因為透過磁鐵的旋轉，使貫穿線圈之磁力線的量有所增減，進而產生電流。

可以說，發電機與電動機（馬達）二者的運作機制恰好相反。

電與磁的密切關係

電流能夠產生磁力（左頁左圖），而磁力也能產生電流（左頁右圖。電磁感應定律）。生活中不可或缺的發電機，就是運用了電磁感應定律（右頁圖）。

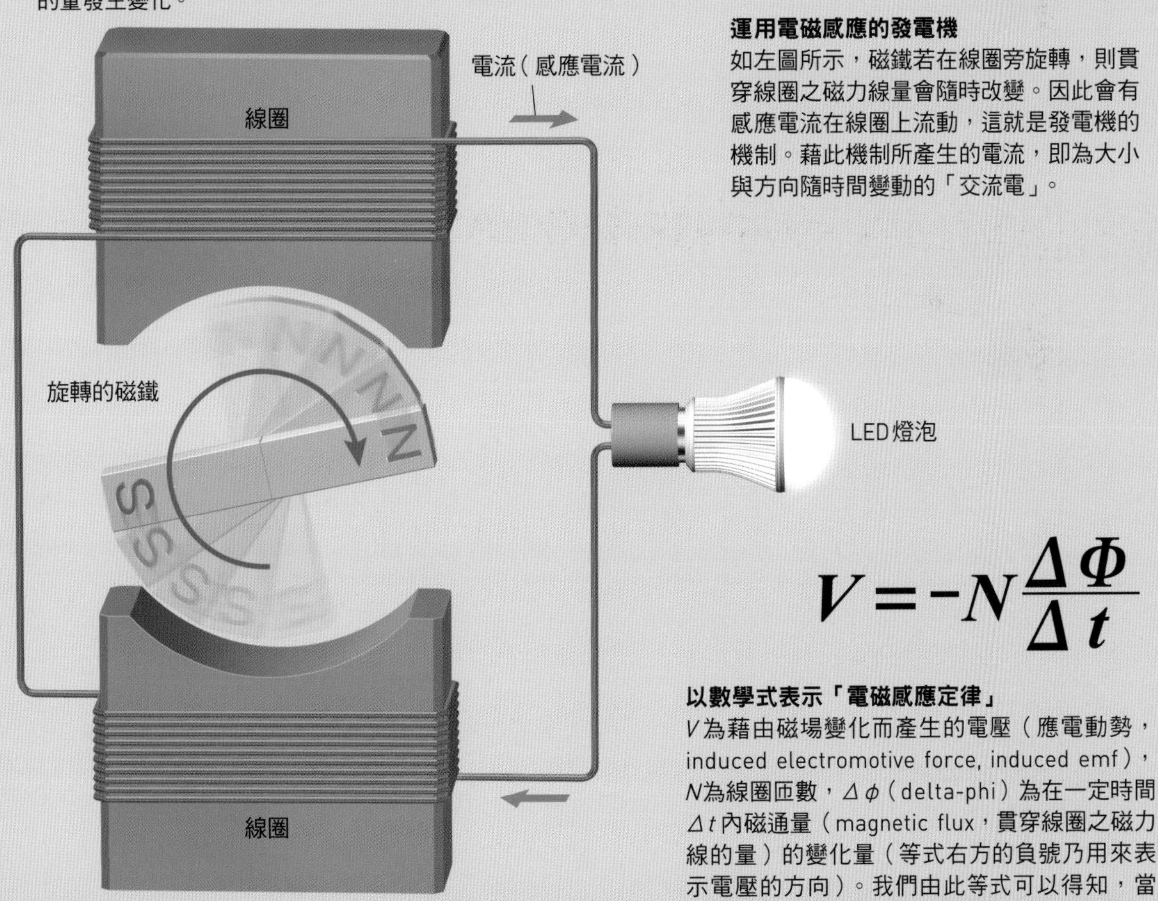

運用電磁感應的發電機

如左圖所示，磁鐵若在線圈旁旋轉，則貫穿線圈之磁力線量會隨時改變。因此會有感應電流在線圈上流動，這就是發電機的機制。藉此機制所產生的電流，即為大小與方向隨時間變動的「交流電」。

$$V=-N\frac{\Delta\Phi}{\Delta t}$$

以數學式表示「電磁感應定律」

V為藉由磁場變化而產生的電壓（應電動勢，induced electromotive force, induced emf），N為線圈匝數，$\Delta\phi$（delta-phi）為在一定時間Δt內磁通量（magnetic flux，貫穿線圈之磁力線的量）的變化量（等式右方的負號乃用來表示電壓的方向）。我們由此等式可以得知，當線圈匝數N越多，或是磁通量的變化越劇烈，就會產生越高的電壓（越大的電流）。

Column

Coffee Break

電動機與發電機乃互為表裡

若要舉出我們身邊常見，且運用力作用於導線上的例子，那麼，以電池來發動的專業電動機就是其中一種。這是在磁鐵包夾的空間中放置線圈（捲起的導線）的裝置。當電流通過時，線圈即會依循弗萊明左手定則朝作用力的方向旋轉。

電動機線圈的尾端有個狀似圓筒切半的零件，名為「換向器」（commutator）。當線圈旋轉180度時，線圈上電流的流向會經由換向器改至相反方向。因此，作用於線圈上的力就能總是朝著同一方向，進而使線圈旋轉不停。

1.

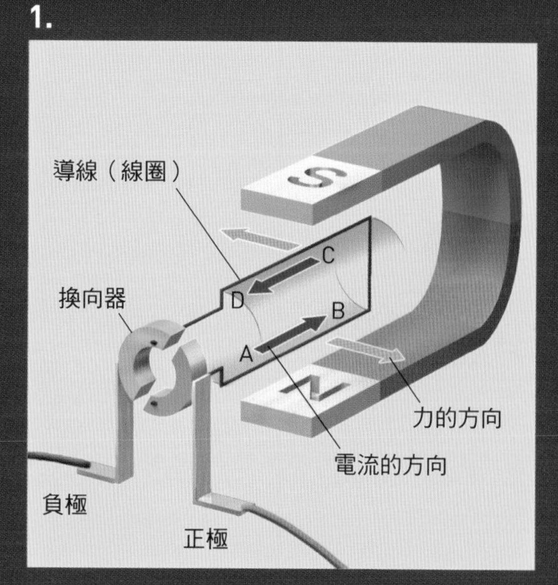

導線上電流沿著ABCD的方向流動。根據弗萊明左手定則，會有力作用於導線上，使導線開始旋轉。

電動機旋轉的原理

以電池發動的電動機運作機制，乃藉由電流流過磁場中的導線，令導線受到作用力而旋轉。

2.

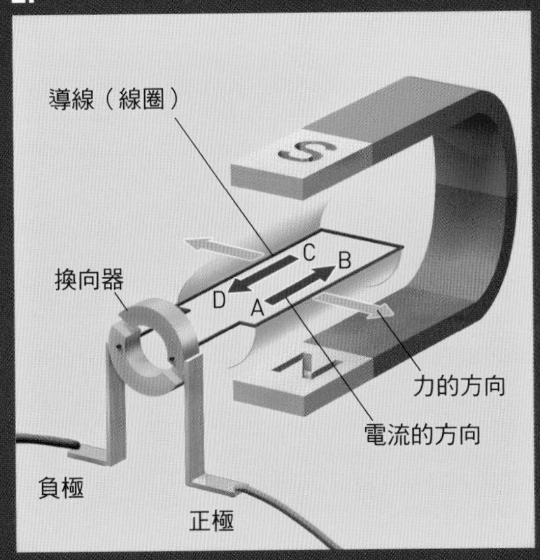

導線從圖 **1.** 狀態旋轉約90度後的情形。

3.

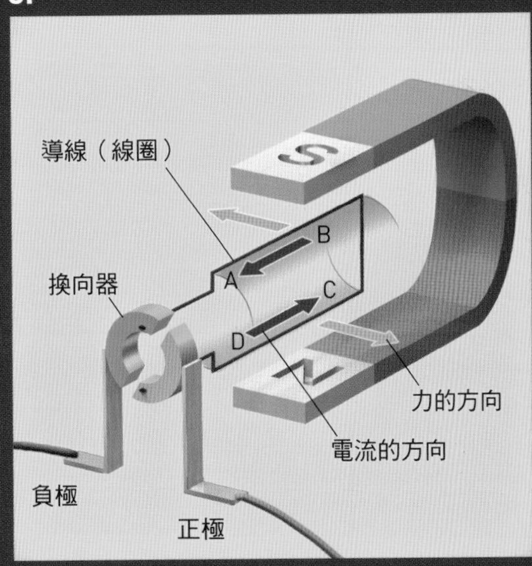

當導線從圖 **1.** 狀態旋轉約180度時，線圈上電流的流向會藉由換向器而更改為相反方向，也就是DCBA的方向。由於作用於導線上的力總是朝著同一方向，因此得以使導線不停地旋轉。

能量的定律

能量守恆定律

即使改變形態，能量總和也不會改變

自然界中有熱能、光能、聲能（空氣振動的能量）、化學能（儲存在原子與分子之中的能量）、核能（儲存在原子核內的能量）以及電能等等各式各樣的能量。

這些能量大多都能夠改變形態，可以說是「能量可產生力，並且具有致使物體運動的潛力」。舉例來說，我們身體也是經由攝取食物能量（化學能）而獲得讓身體動作的力量。同樣地，光能以太陽能電池的方式轉換為電能，就能讓電梯運作。

即使形態改變，能量的總和也不會增減，並且總是固定不變。這就是「能量守恆定律」（law of conservation of energy）。

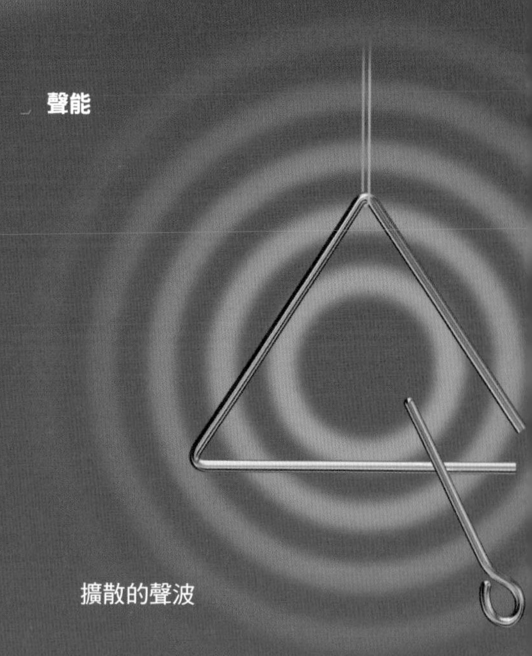

各式各樣的能量形態

光能

光

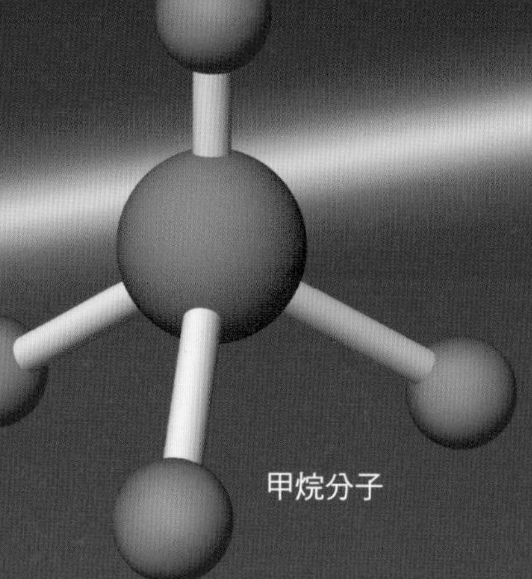

甲烷分子

化學能
透過燃燒之類的化學反應，將化學能以熱能等形態放出。

核能
透過核分裂與核融合反應，將核能以熱能等形態放出。

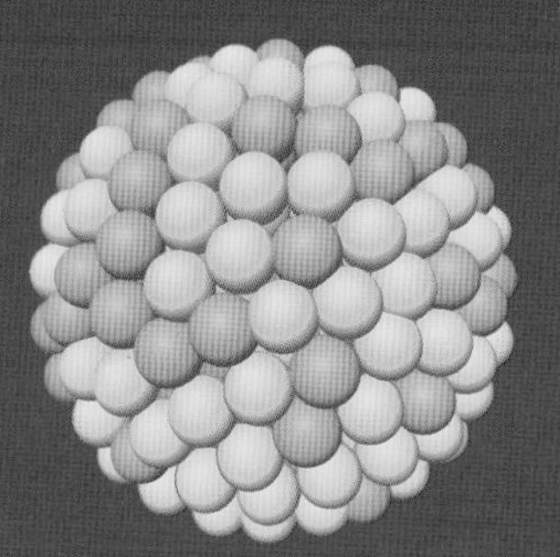

鈾原子核

電能

電流示意照

高壓電線

熱能

高溫木炭

能量的定律

力學的能量守恆定律

位能與動能總和固定

在這個單元，我們將討論能量守恆定律之中「力學的能量守恆定律」。

物體所含有的能量之中，有運動時化為能量的「動能」(kinetic energy)，以及在高處時由重力所賦予的「位能」(potential energy)。動能與位能兩者的能量總和總是守恆，此即為「力學的能量守恆定律」。

且設想以雲霄飛車為例。位於高處的雲霄飛車，從斜面軌道向下行進時速度會增加，也就是獲得了動能。按照定律來看，能量的總和應該不會變化，因此，當雲霄飛車位於高處時，其本身就具有能量，此即「位能」。可以說，位能是由重力所賦予的能量，並且能夠用「重力×高度(＝質量×重力加速度×高度)」來求算。

動能與位能的能量總和守恆

我們以雲霄飛車為例，來了解力學的能量守恆定律。右頁的條狀圖形，動能與位能的分類乃以顏色來表示，位能是綠色，動能是粉紅色。隨著雲霄飛車從最高點下降到最低點，位能的占比持續降低，減少的部分就是動能增加的占比。

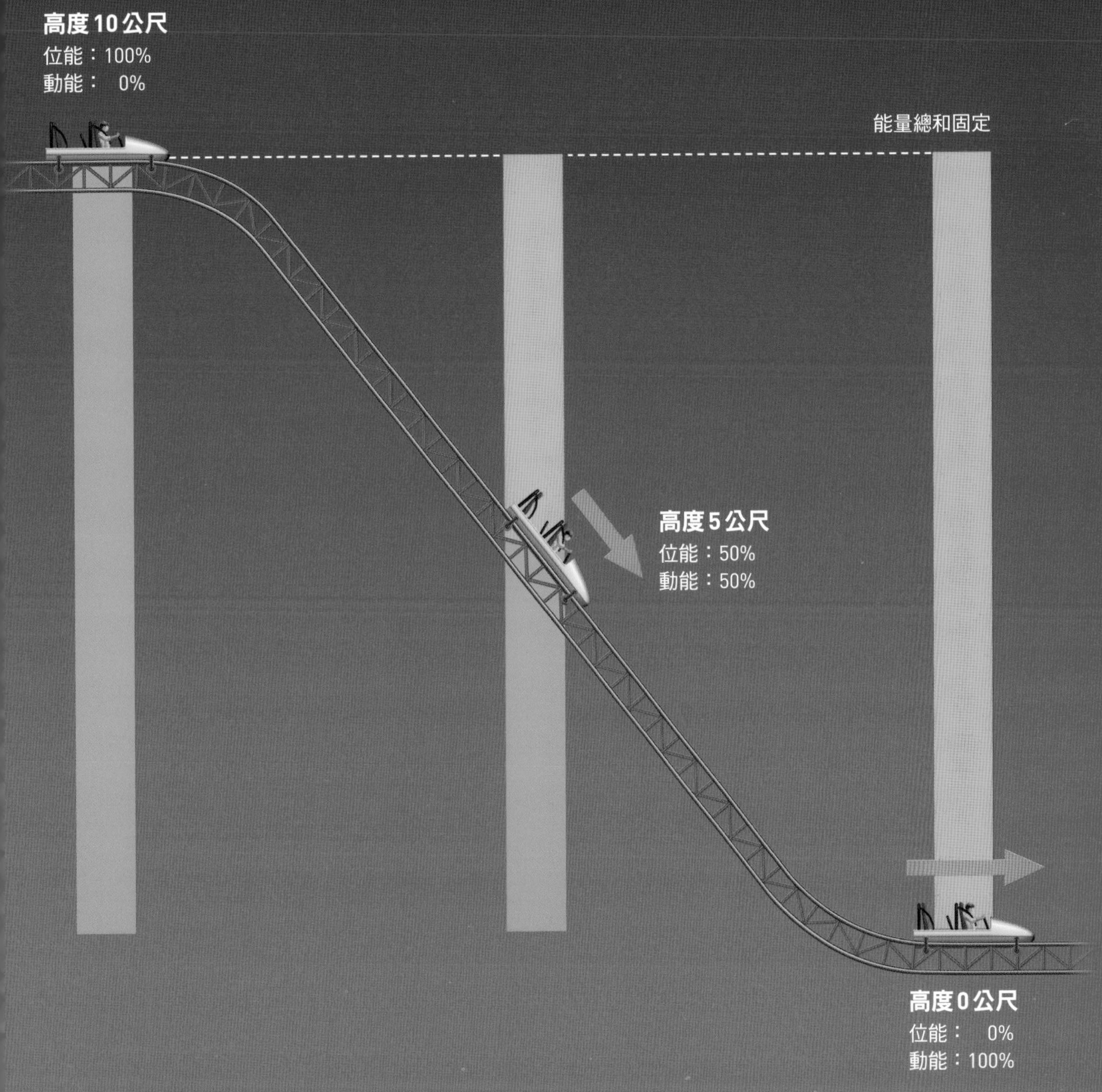

高度 10 公尺
位能：100%
動能：　0%

能量總和固定

高度 5 公尺
位能：50%
動能：50%

高度 0 公尺
位能：　0%
動能：100%

能量的定律

質能相當性

質量與能量
可以互相交換

太陽是由氫與氦等元素組合而成。假如要將太陽中的氫藉化學反應來燃燒，則其氫量僅數萬年就會燒完。然事實卻非如此，那麼，太陽為什麼沒有燃燒殆盡呢？

在1905年提出「狹義相對論」（special relativity）的愛因斯坦，也在同一年從狹義相對論中導出了重要的定律，也就是「$E=mc^2$」。這個式子的意義乃在於質量與能量大都可以互換。

過去物理學家思考「$E=mc^2$」時，就注意到此式可以用於解釋太陽為何不會燃燒殆盡的原因。太陽的中心內每4個氫融合就會形成1個氦。此時氫的質量有一部分會消失，轉換而產生成巨大的能量。因此，如果太陽是藉由核融合反應來運用能量的話，那麼也就可以了解它能夠持續發光100億年的原因了。

太陽藉質能轉換而散發光芒

太陽的能量來源，主要是來自4個氫原子核最終轉為1個氦原子核的核融合反應，右頁圖中所示即為其中一個代表性的反應。反應前後僅有約0.7%質量消失。如此這般，以太陽整體而言，每1秒會減輕4.2×10^9（42億）公斤。經過換算後，則太陽每1秒可以獲得3.8×10^{26}焦耳的能量。

能量 [J（焦耳）]　質量 [kg]　光速 約3×10^8[m/s]

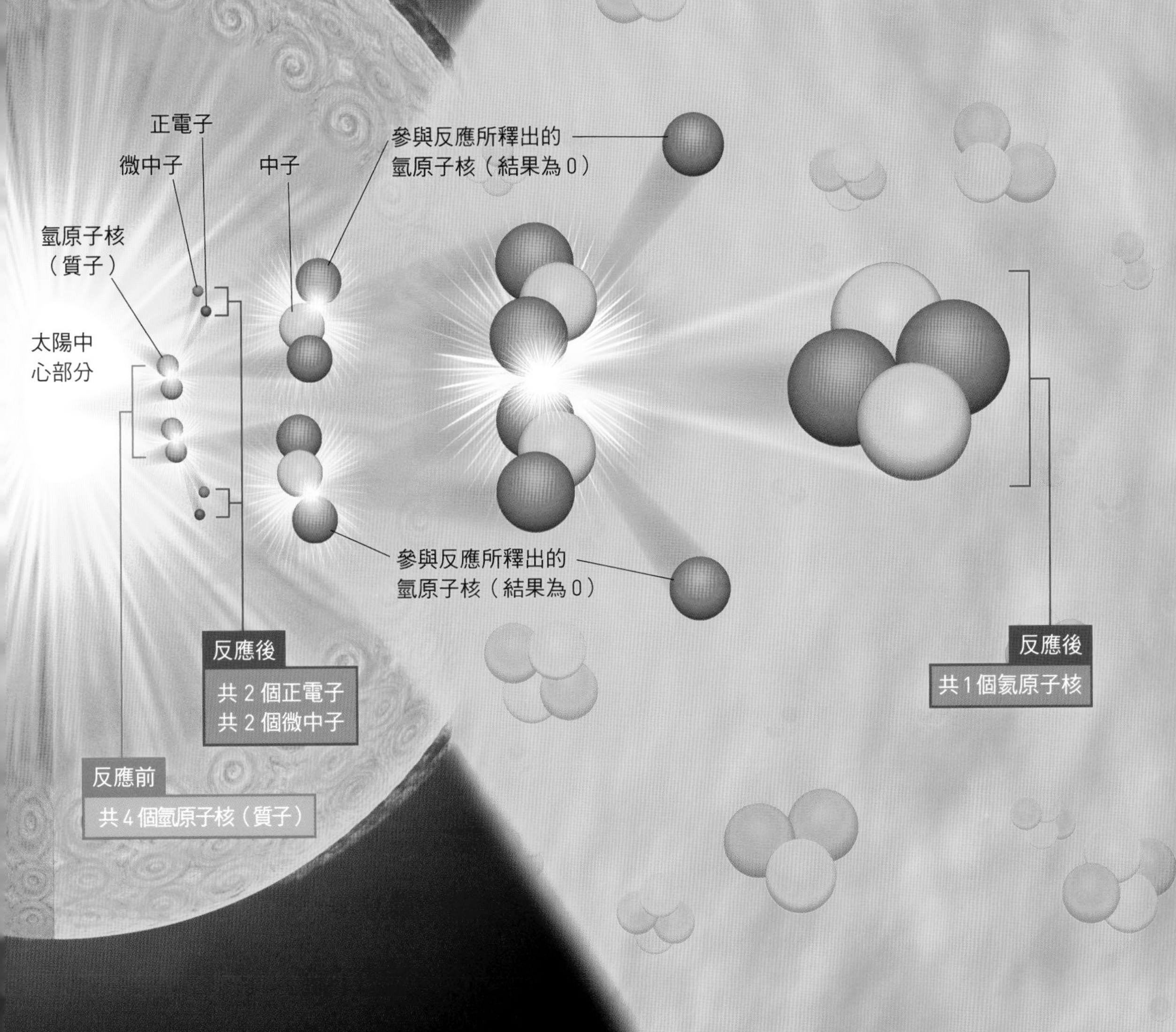

質能相當性

質量與能量可以互換，此關係就稱為「相當」（equivalence）。c 表示光速，物理學中將其值固定為秒速約3×10^8公尺。因此，只要知道物質的質量（m），就能計算出該物質所相當的能量（E）大小。

能量的定律

熵增定律

飲料不會自行升溫

熱飲最終一定會冷卻，而冷飲不會自行升溫，這是個不可逆的過程。

像這樣事物只朝著單向變化的現象，可以用「熵增定律」（the law of entropy increase）來解釋。**熵是表示「無法做功」的概念。按照此原理，萬物只會朝向無法做功的狀態前進**。以飲料為例，它的溫度最終只會朝與房間溫度一致的方向

熵的變化量 $\Delta S \geqq 0$

變化。

按照熵增定律，事物應該只會朝無法做功的狀態前進。然而，太空中有許多炙熱的恆星與複雜結構的星系等多彩多姿的天體仍在持續形成。像這樣自然界中理所當然的發展，乍看下似乎有違熵增定律。但實際上，在宇宙這個巨大無比的「箱子」中，存在著局部無法做功的狀態。儘管如此，就宇宙整體而言，熵會持續不斷地增加。

熵增定律

熵以 S 來表示。Δ（delta）則代表變化發生前後熵的差值，即後者減去前者所得之熵值。若其值為正，表示變化發生後熵增多了。

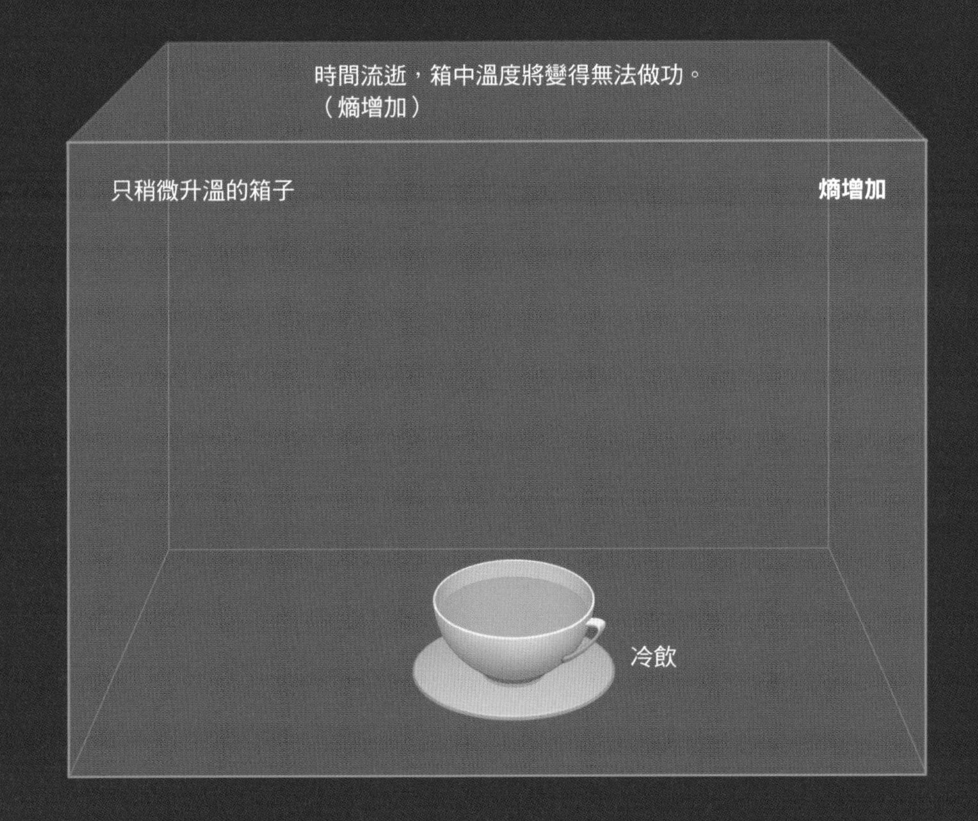

相對性原理

為何我們不會注意到地球的自轉？

太陽

當波蘭天文學家哥白尼（Nicolaus Copernicus，1473～1543）提倡地動說（heliocentrism，太陽中心論）時，支持天動說（geocentrism，地球中心論）的學者遂提出以下的反對觀點：「如果是地球在移動的話，自地球向上拋擲的球就不應該掉回自己手中。」

相信地動說的義大利天文學家伽利略針對此反對觀點，提出反駁：「無論是在靜止或移動的船上，往上拋球，球都會筆直落下。所以即使地球正在移動，向上拋出的球還是會掉回手中。」

伽利略是「慣性定律」的發現者，換言之，慣性定律說的正是上述的觀點。如果順著這個想法思考，我們可以認為「無論是在靜止或以固定速度移動的地方，物體於該處的運動均不會有差別」。這就是「伽利略相對性原理」（Galilean relativity）。

在等速直線運動的列車中拋球

以在速度固定持續前進（進行等速直線運動）的列車中向上拋球為例來設想。當在定速的列車上拋球時，會與在靜止的列車中一樣，球都會落回手中。然而，如果在加速的列車上拋球，情況就不一樣了。這是因為相對於坐在座椅上和列車一起加速的乘客，拋至頭上的球並沒有受到列車加速所施之力，因而會掉落在後。

伽利略相對性原理

伽利略用他的相對性原理對反對地動說的天動說支持者提出反駁。伽利略相對性原理是指「無論觀測者是在靜止狀態，或是在以固定速度移動的狀態，物體的運動均無差別」。

光速不變原理

光速在任何條件下均固定

到了19世紀末期，物理學家之間對於「光速」該從何觀點來看的問題議論紛紛，莫衷一是。

愛因斯坦因此把光在真空中的速度，均設定為定值，如此，光速從任何人的角度來看，都會是固定的值。簡言之，光速在任何條件下均為固定，與觀測地點的速度、光源的運動速度無關，且速率為固定（秒速約30萬公里）。

愛因斯坦將此「光速不變原理」作為思考科學理論的「大前提」。於是此一原理改變了速度的固有認知，愛因斯坦更據此確立了「狹義相對論」，進一步顛覆人類對時間與空間的既定觀念。

於太空中漂浮的太空人

光源以接近光速的速度移動

太空船以接近光速的速度向左飛行

無論何時或觀測者是誰光速值均不變

無論是太空中漂浮的太空人眼中所見，還是在以接近光速的速度向左飛行的太空船中觀察，抑或是在太陽周圍以秒速約30公里進行公轉的地球上來看，光的速度都是秒速30萬公里，沒有不同。此外，無論光源的方向為何，或以多快的速度前進，也都不會有絲毫影響。

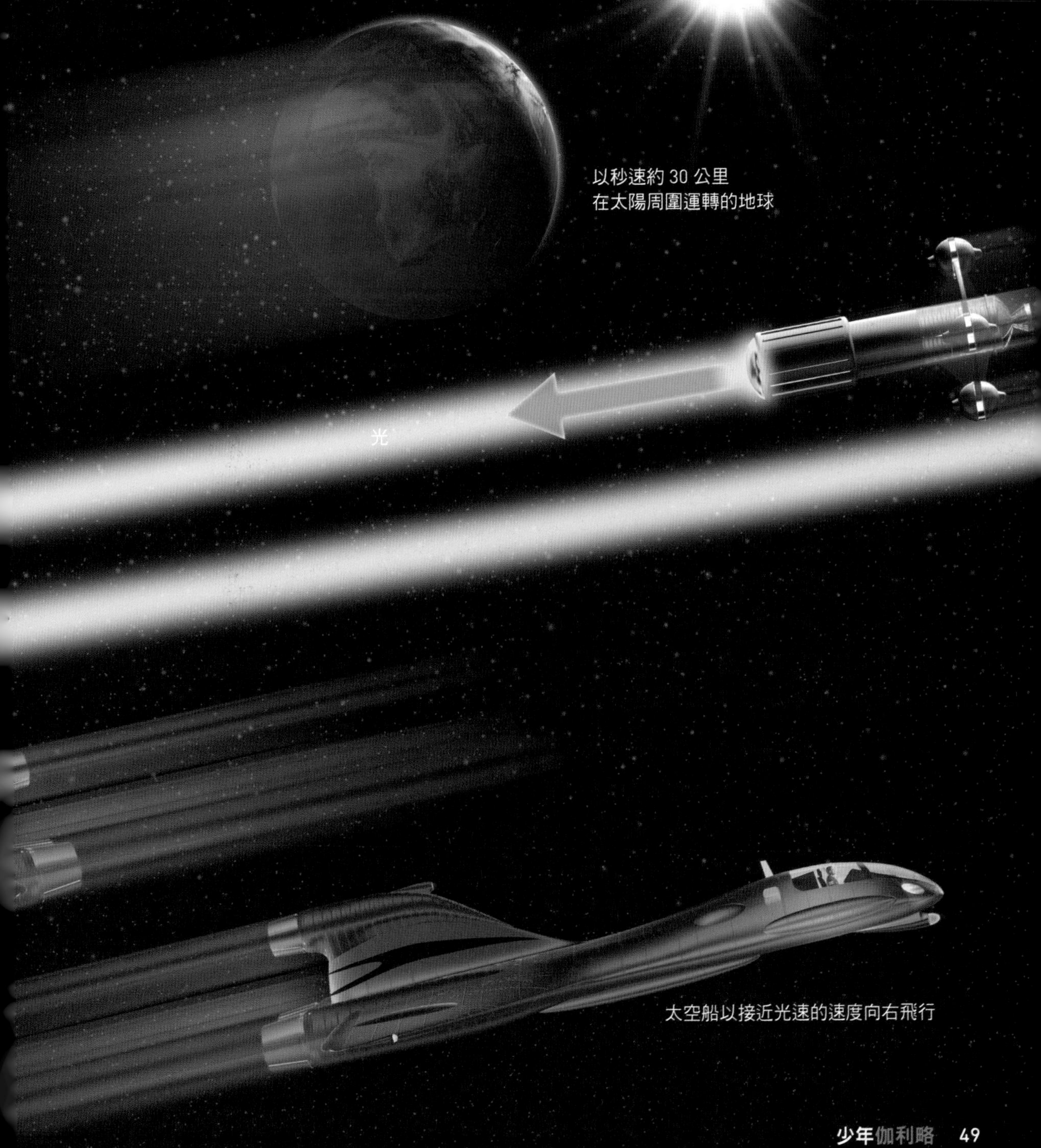

以秒速約 30 公里
在太陽周圍運轉的地球

光

太空船以接近光速的速度向右飛行

等效原理

無法區別重力與加速度產生的力

每個人應該都有過這樣的體驗，那就是搭電梯時突然上下震動，感覺身體似乎有忽輕忽重的變化。在牛頓力學中，此現象要用所謂「慣性力」(inertial force) 這個不存在的虛擬力來解釋。

然而，愛因斯坦認為物理定律中存在虛擬力並不是件好事。當他開始思考慣性力的真實樣貌究竟為何的時候，就想到無論是重力，或是加速度所產生的慣性力，兩者竟無法予以區別（等效）。而這便是所謂的「等效原理」(equivalence principle)。

假設發生如下情況，有人進入一個箱子後，箱子開始以自由落體的方式往下掉。當箱子向下加速度運動時，箱內會出現方向朝上的慣性力。重力的效應消失，箱內的人即呈失重狀態。總而言之，重力竟然於箱內消失不見。

推導出等效原理的想像實驗

假設有艘未設窗戶的太空船，一邊加速一邊前進。即使在無重力空間中，只要太空船持續加速，就會因為慣性力而產生虛擬的重力。太空船裡的人無法區別力的來處，亦即將自己身體向下拉的力究竟是來自天體的重力還是來自慣性力。

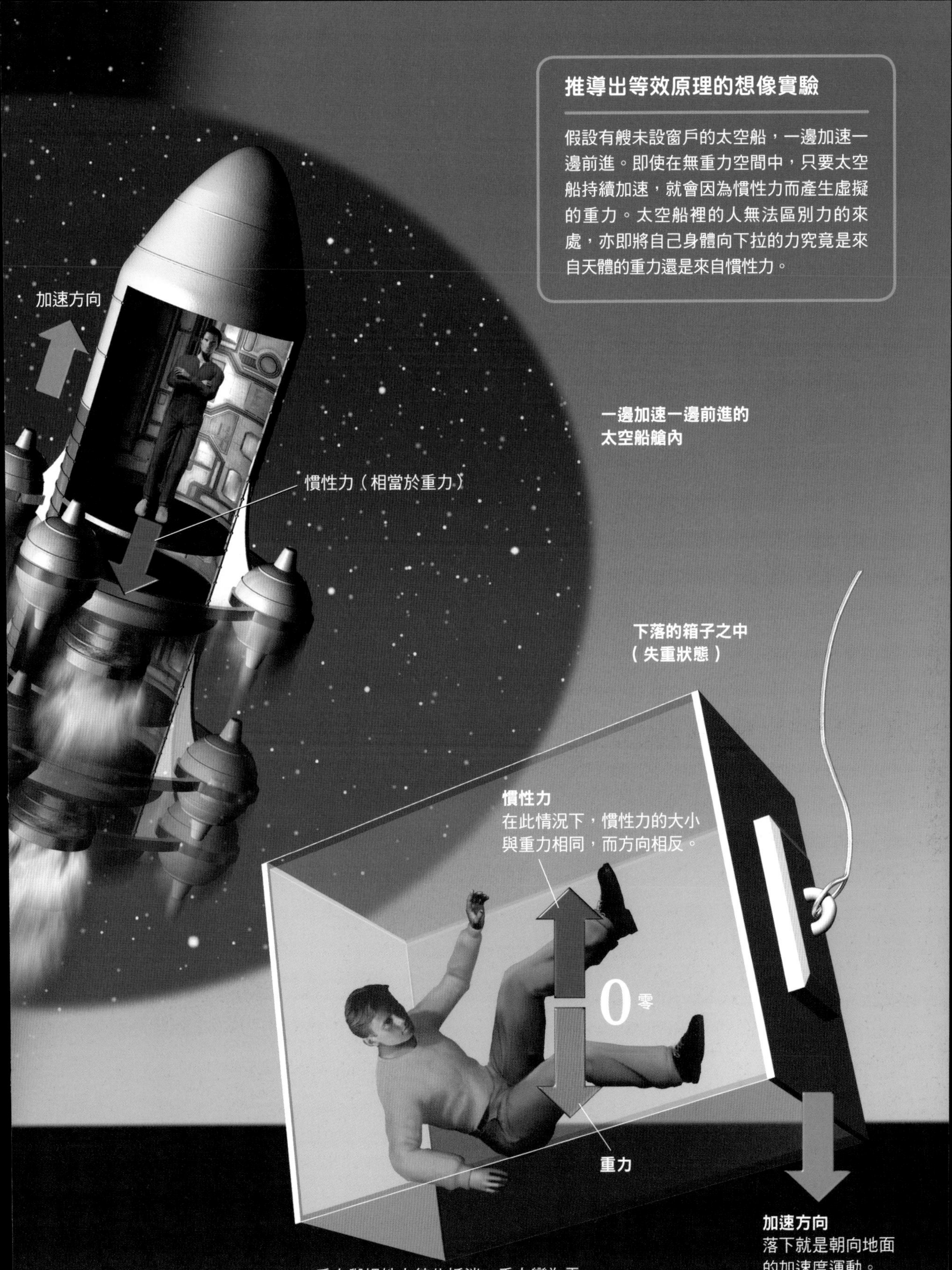

重力與慣性力彼此抵消，重力變為零。

測不準原理

當速度確定時，位置就無法確定

微觀世界會發生既有認知完全無法想像的奇妙事情。我們將微觀世界中的物理定律稱為「量子論」（quantum theory）。

舉例來說，光作為波的同時，也具有粒子的性質。而電子視為粒子的同時，也具有波的性質。波會擴散，而粒子卻是存在於固定的一點。像這樣不相容的兩個面向，卻並存於光與電子上。

微觀世界也有著「模擬兩可」的性質，而表示此一性質的正是「測不準原理」（uncertainty principle），意指當有一項資訊能夠確定時，另一項資訊就不能予以確定。例如，在微觀世界中，粒子的位置與運動方向（正確來說是動量）就無法同時獲致確定。此之謂「位置與動量的不確定性關係」。

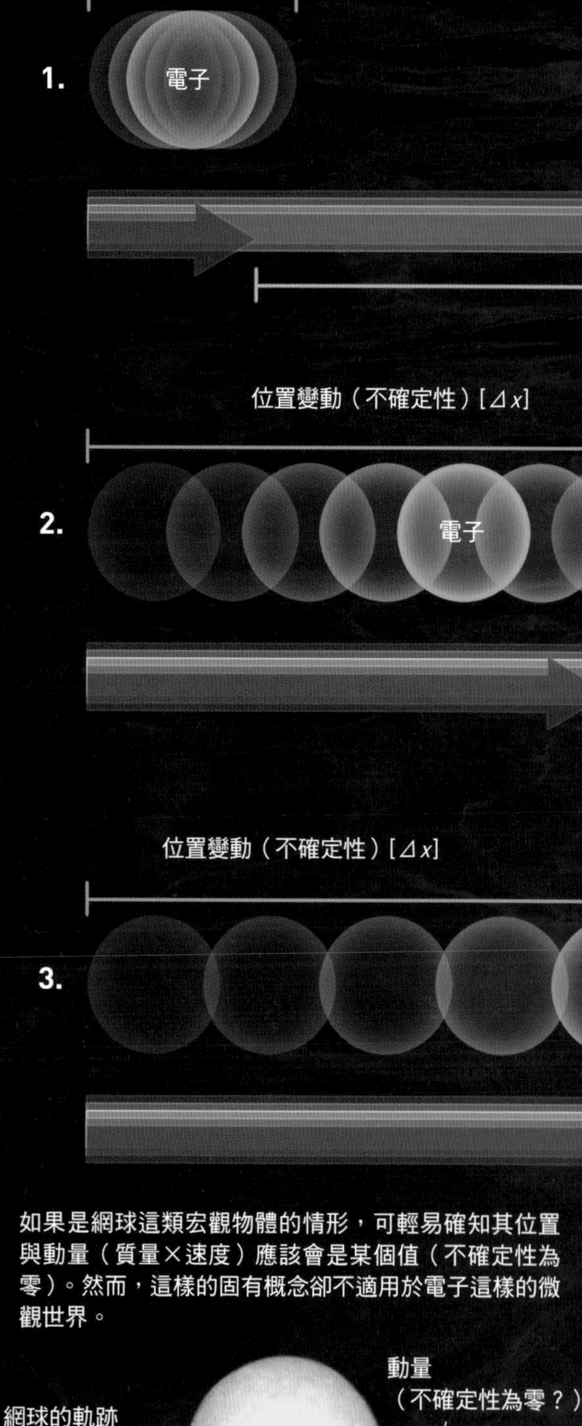

如果是網球這類宏觀物體的情形，可輕易確知其位置與動量（質量×速度）應該會是某個值（不確定性為零）。然而，這樣的固有概念卻不適用於電子這樣的微觀世界。

「模擬兩可」的微觀世界

下方所示為電子位置變動（Δx）與動量（質量×速度。以箭頭符號表示）變動（Δp）之間的關係示意圖。假設位置變動減小，動量變動就會加大（**1**）。又假設動量變動減小，位置變動就會加大（**2**與**3**）。在位置與動量兩者的變動之間，以下不等式所表示的關係會成立，此即為測不準原理。

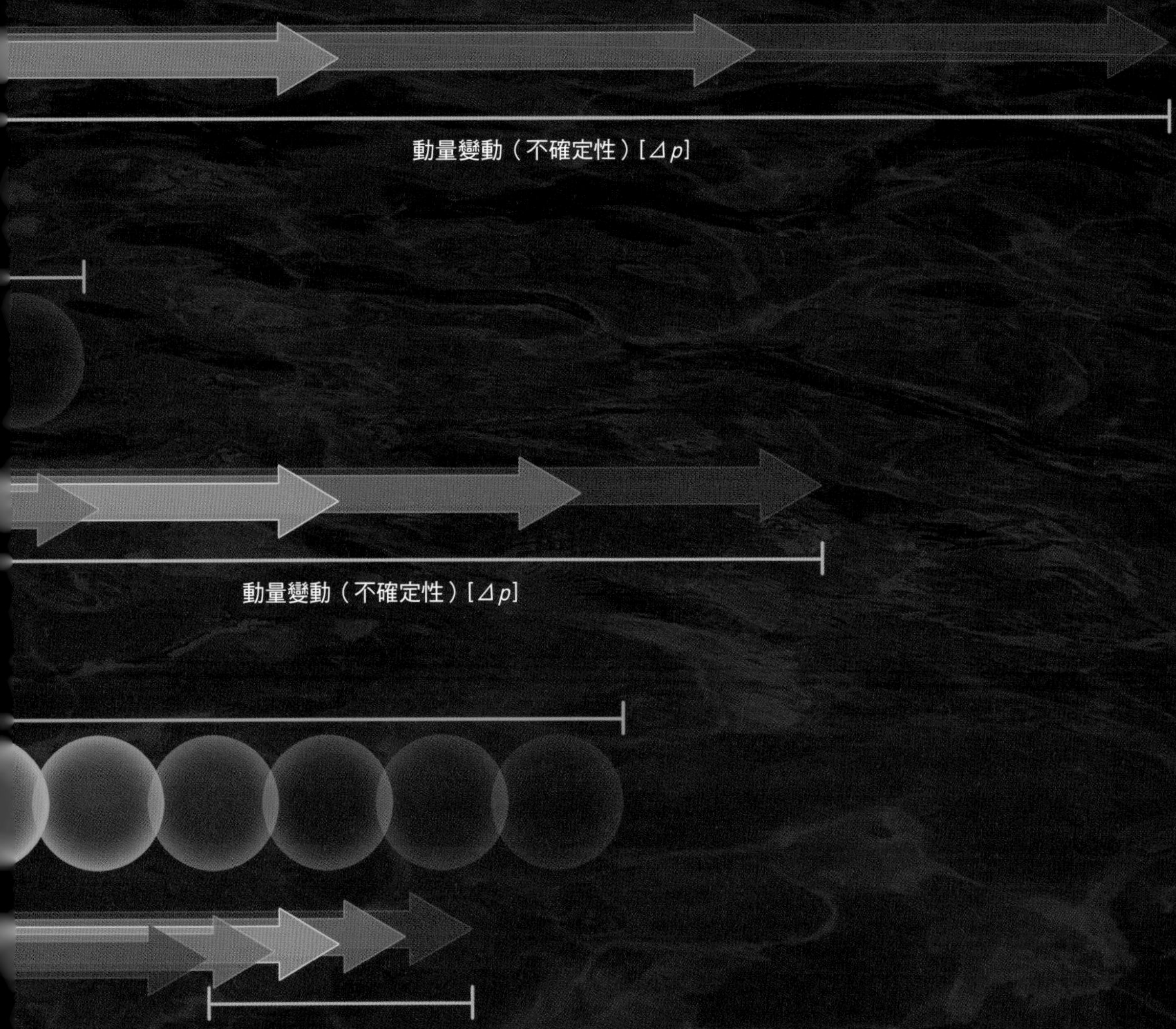

動量變動（不確定性）[Δp]

動量變動（不確定性）[Δp]

動量變動（不確定性）[Δp]

$$\Delta x \times \Delta p \geqq \frac{\hbar}{2}$$

位置變動　動量變動

註：$\hbar$為普朗克常數h除以2π。

Column

Coffee Break

高速移動時 鏡中能看到什麼？

愛因斯坦以光速飛行（想像）

愛因斯坦從16歲那年就開始踏上建立相對論的研究道路。當時，他對光抱持著疑問，想到這個問題：「如果拿著鏡子同時以光速移動的話，鏡中會映照出自己的臉嗎？」

若要能映照出臉孔，從臉上反射的光必須要抵達鏡子，然後再返回到自己的眼睛。然而，如果你也是以光速移動，光前進不了，這樣的話，是不是就到不了鏡子了呢？儘管如此，愛因斯坦認為「停止的光」這種概念應該不太合理，因而十分煩惱。

愛因斯坦針對此疑問的思考結果就是「光速不變原理」（第48～49

頁)。該原理是指光速與觀測地點的速度、光源的運動速度等無關,且其速度總是固定。如果按光速不變原理來看,即使以光速飛行,自己的臉也還是會映照出來。據此原理,愛因斯坦最終完成了「狹義相對論」。

宇宙的定律

克卜勒定律

正確解釋行星運動的三個定律

德國天文學家克卜勒（Johannes Kepler，1571～1630）曾為了找出潛藏在火星與木星等「行星運行」的規律進行數據的解析。

克卜勒在檢視火星的觀測數據後，發現「在一定時間內，行星與太陽之連線所掃過的扇形面積均相等」。這就是克卜勒第 2 定律（Kepler's second law）。然而，以此定律及觀測數據計算出的火星軌道，無論如何

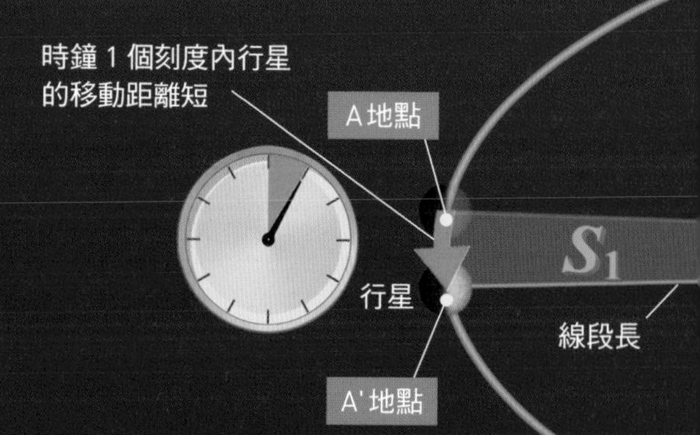

克卜勒定律	
第 1 定律	行星軌道為橢圓形
第 2 定律	在一定時間內，行星與太陽之連線所掃過的扇形面積均相等
第 3 定律	行星公轉週期的平方與軌道之半長軸的立方成正比

都與圓形軌道的計算結果不一致。試錯到最後，克卜勒意識到過去對天文學的認知有誤，因而發覺「行星的軌道為橢圓形」，也就是克卜勒第1定律（Kepler's first law）。

其後，克卜勒更發現「行星環繞太陽 1 周所需時間的平方會與其橢圓軌道之半長軸的立方成正比」。這也就是克卜勒第 3 定律（Kepler's third law）。

這三個定律能夠正確解釋複雜的行星運動，乃合稱為克卜勒定律。

決定行星公轉速度的克卜勒第 2 定律

行星在離太陽最遠的地方運行緩慢，而在最接近太陽的地方則迅速通過。在一定時間內，行星與太陽連線所掃過的扇形面積均相等，此即克卜勒第 2 定律。

D' 地點

D 地點

S_4

C' 地點

線段短

時鐘 1 個刻度內行星的移動距離長

S_3

太陽

C 地點

S_2

B 地點

B' 地點

3. 太陽與軌道上任何地點連線，在一定時間內掃過的扇形面積均相同

$$S_1 = S_3 = S_2 = S_4$$

A～A' 的面積　C～C' 的面積　B～B' 的面積　D～D' 的面積

宇宙的定律

萬有引力定律

萬物會互相吸引

牛頓在1687年發表萬有引力定律（law of universal gravitation）。據此定律，無論是蘋果、月球或是地球，一切物體都會有互相吸引的力。就像蘋果與地球會互相吸引，月球與地球也會互相吸引。而月球沒有墜落到地球上的原因，就在於月球以時速約3600公里的高速，在地球周圍不間斷地公轉所致。

萬有引力一詞，顧名思義就是「萬物皆有互相吸引的力」。放在桌子上的兩顆蘋果之間，也會因為微弱的萬有引力而互相吸引。然而這個力過於微弱，地球上幾乎無法察覺其作用效果。但若是在無重力狀態的太空，即便是分開放置的兩顆蘋果，最終也會聚攏在一起。

萬有引力定律整合了天上與地球兩世界的物理學

在牛頓以前的時代，人們認為月球與太陽、行星等存在於天上的那個世界，與地球上的這個世界完全不同，其中的物理定律也不一樣。牛頓顛覆了這個既有認知，他認為「萬有引力定律」無論是在哪個世界均可適用。

萬有引力定律

$$F_G = G\frac{m_1 m_2}{r^2}$$

F_G：萬有引力　G：萬有引力常數　m_1：物體1的質量　m_2：物體2的質量　r：物體之間的距離

桌子上的兩顆蘋果之間也因爲萬有引力而互相吸引

摩擦力　萬有引力　萬有引力　摩擦力

蘋果　蘋果

由於摩擦力抵消了萬有引力，因此蘋果不會互相靠近

宇宙的定律

哈伯－勒梅特定律

越遙遠的星系則遠離速度越快

美國的天文學家哈伯（Edwin Hubble，1889～1953）除了觀測銀河系之外，也觀測其他星系，並記錄它們的顏色。星系越遙遠則看起來顏色越紅，哈伯運用此性質證明越遙遠的星系則遠離速度就越快。

而在哈伯之前，比利時的神父暨宇宙論學者勒梅特（Georges Lemaître，1894～1966），則是運用愛因斯坦的廣義相對論（general relativity）證明了宇宙膨脹現象。

將此關係以數學式表示，即為「哈伯－勒梅特定律」（Hubble-Lemaître law）。根據計算結果知悉，並非只有特定星系，而是遠方所有星系都正在遠離銀河系。

這個定律解釋了如下現象，亦即宇宙整體持續地在拉大，星系因而都遠離而去。我們因此得知宇宙正在膨脹之中。

如果與銀河系的距離是2倍，則遠離速度也是2倍

距離左下銀河系越遠的星系，則其遠離速度就越快。當與銀河系的距離是2倍，則遠離速度也是2倍；當距離是3倍，則遠離速度也是3倍，兩者會成正比關係。圖中以移動軌跡的長度來表示星系遠離的速度。

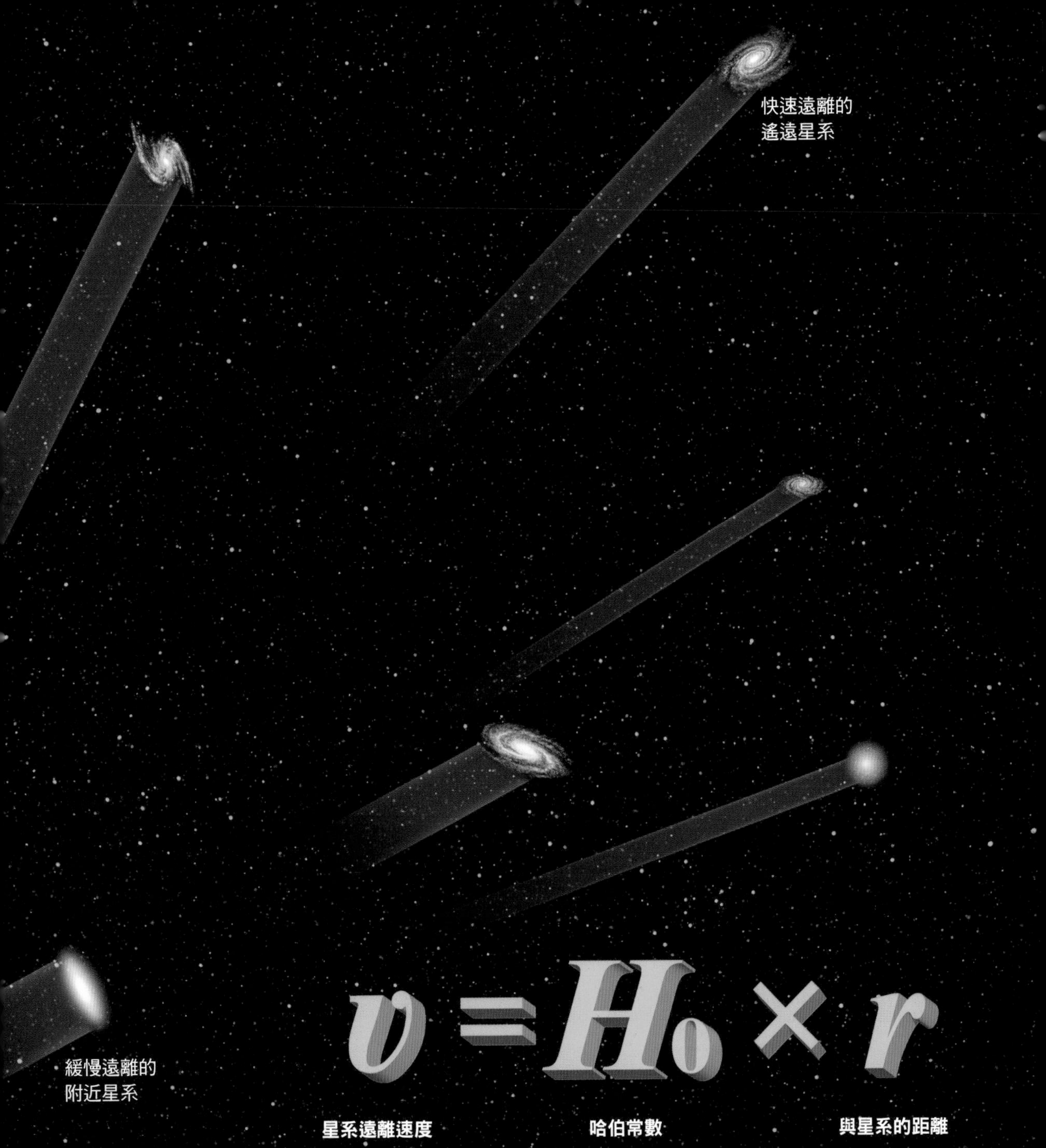

快速遠離的
遙遠星系

緩慢遠離的
附近星系

$$v = H_0 \times r$$

星系遠離速度　　哈伯常數　　與星系的距離

哈伯－勒梅特定律
與星系的距離（r）越遠，則遠離速度越快（v）。此正比關係中的係數即為哈伯常數（H_0）。根據最新的觀測結果，H_0的值為$70.0^{+12.0}_{-8.0}$［km／（s・Mpc）］。哈伯－勒梅特常數即代表宇宙膨脹的程度。

維恩位移定律

看顏色就知道
恆星的溫度

德國物理學家維恩（Wilhelm Wien，1864～1928）認為，即使是無法用一般溫度計測量的物體，或許也能透過觀察其呈現出來的顏色得知它的溫度。

進行觀察與研究後，維恩發現「物體溫度會與它所放出之最強光的波長成反比」，這就是「維恩位移定律」（Wien's displacement law）。據此定律，物體所放出之最強光的波長越短則表面溫度越高，而最強光的波長越長則表面溫度越低。簡言之，我們能夠從恆星的顏色算出其表面溫度。

名為「冬季大三角」（Winter Triangle）的三顆恆星，是由天空中最明亮、閃爍藍白光芒的大犬座之天狼星（Sirius）、閃爍黃色光芒的小犬座之南河三（Procyon），以及閃爍紅色光芒的獵戶座之參宿四（Betelgeuse）所組成。

在這三顆恆星中，溫度最高的是天狼星，其表面溫度約有 1 萬°C。其次是南河三，表面溫度約有6200°C（≒太陽），而參宿四的表面溫度則

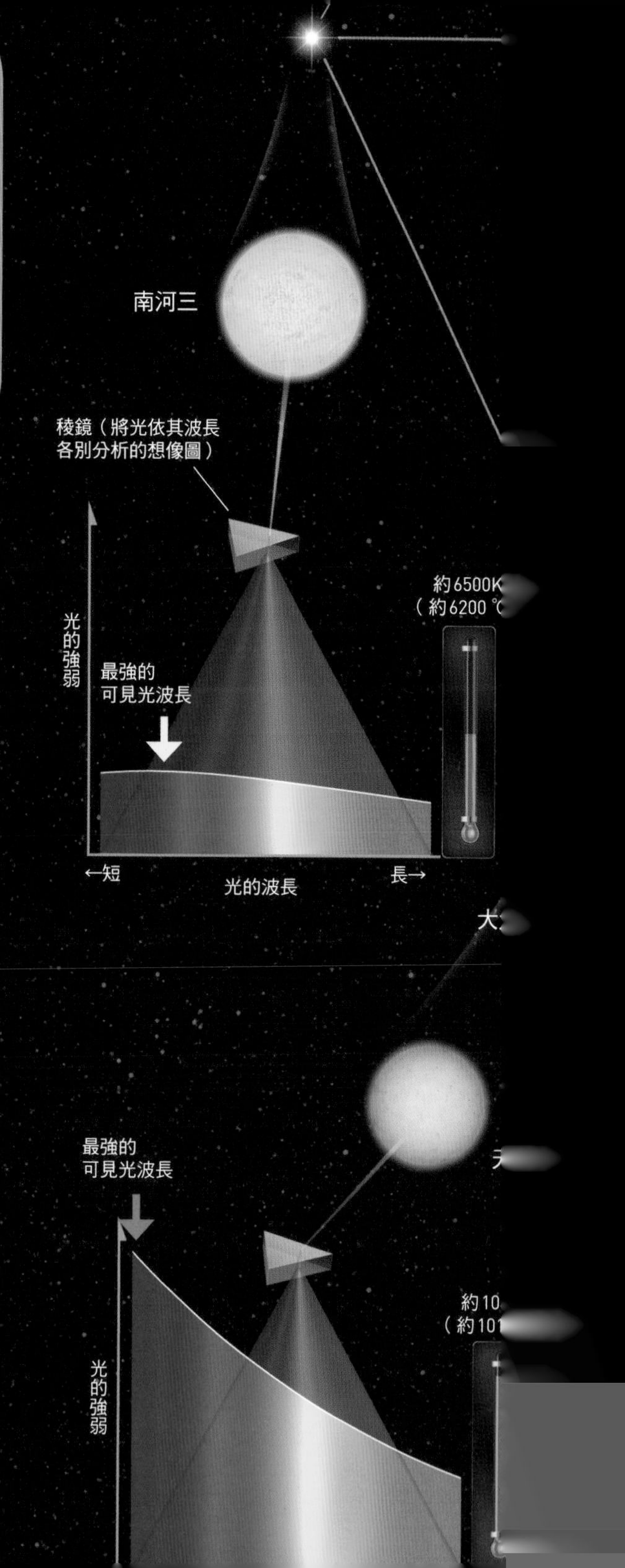

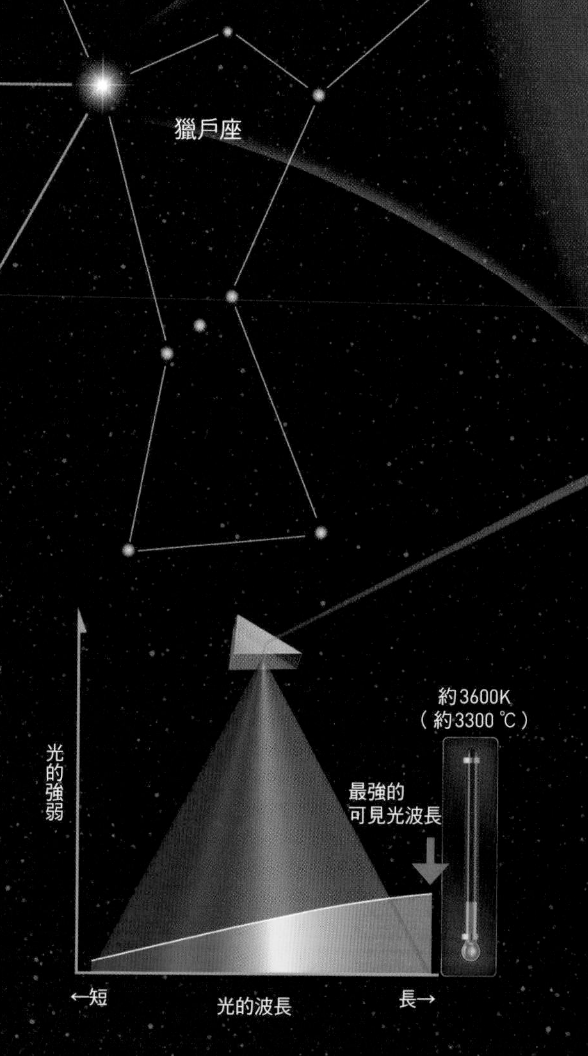

物體放出來的光之中包含有各種波長，根據不同波長，光的強弱也有所不同。此外，在維恩位移定律中出現的溫度單位並非日常使用的攝氏（°C），而是絕對溫度（K）。

※：常數值乃以nm（奈米）表示光波長，而以K（克耳文）表示溫度

$$T = \frac{2,898,000}{\lambda_{max}}$$

T：物體的表面溫度

λ_{max}：物體所放出來的最強光波長

看顏色就知道星體的溫度

如果將藍白色的天狼星、黃色的南河三與紅色的參宿四所放出來的光各別分析的話，光的強弱會隨著波長而有所不同（圖中所示的三個圖表）。波長越短的藍白色星體，表面溫度越高；而波長越長的紅色星體，溫度則越低。此外，由於我們肉眼所見的光是由各種波長的光合併而成的顏色，因此，我們不一定會看見波長最強的顏色。例如，南河三看起來是黃色，但它最強的波長卻位於藍色區間。

化學與生物的定律

亞佛加厥定律

氣體體積與其分子數量的關係

當要表示原子或分子這類具有龐大數量的粒子時，會使用名為莫耳（mol）的單位。1 莫耳有6.02214076×10^{23}個原子或分子，此數值即稱為「亞佛加厥常數」（N_A），而擁有這麼多數量的原子（或分子）聚集時，整堆原子的質量（單位為公克）會與其原子量（或分子量）幾乎相等。舉例來說，由於碳元素的原子量為12，因此 1 莫耳碳元素的質量就是12公克。

另外，使用莫耳為單位還有個方便之處，也就是「亞佛加厥定律」（Avogardro's law）。此定律是指只要溫度與壓力固定，則無論種類為何，相同體積的氣體分子數量也都固定。從而可以得知，如果在同溫同壓的狀況下，則1莫耳氣體分子會有相同的體積。在標準狀況（STP，指0°C，1 大氣壓）中，1 莫耳氣體分子（原子）的體積約為22.4公升，可見莫耳也能當作氣體的體積單位。

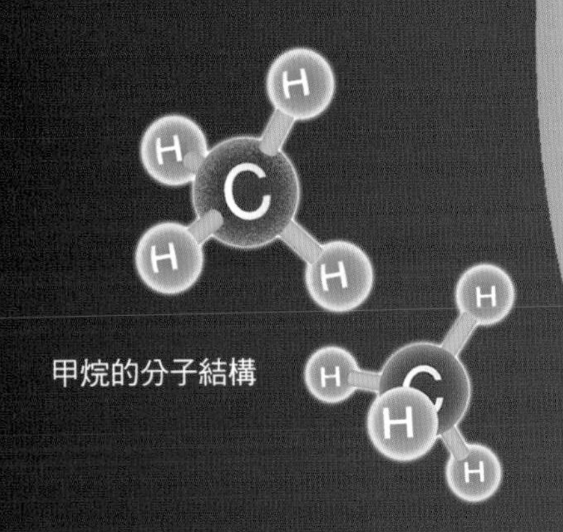

甲烷的分子結構

「1 莫耳」有多少？

右頁圖以瓦斯的主成分甲烷（CH_4）為例，畫出 1 莫耳，也就是當有「6.02×10^{23}」個分子或原子聚集時，各有多大的量。而在0°C、1 大氣壓的情況下大約會是22.4公升，與一顆直徑約35公分的球體積相同。

註：這是以理想氣體為例的情況。實際上，
也有 1 莫耳體積與22.4公升有所差距的
氣體分子。

化學與生物的定律

理想氣體定律

氣體體積、壓力與絕對溫度之間的關係

當袋子裡的空氣分子碰撞到袋子內側，就會產生往外膨脹之力，將袋子撐起。另一方面，袋子外的空氣則會產生往內擠壓之力，欲使袋子縮扁。袋中氣體的體積就取決於袋子內外的壓力平衡。當溫度固定時， 袋中氣體的體積會與壓力成反比。此之謂「波以耳定律」（Boyle's law）。

氣體的運動與溫度也有關聯。當溫度上升時，分子的動能變大，速度也變快。如果在壓力固定的狀態使氣體溫度下降，體積便會減少。每當溫度減少1°C，體積即隨之減少「0°C之體積的273分之1」，此稱為「查理定律」（Charles's law）。

彙整以上這兩個定律，就能推導出「理想氣體定律」（ideal gas law）。也就是「在密封的袋子中，氣體體積與壓力成反比，與絕對溫度成正比」。

理想氣體定律

從「波以耳定律」與「查理定律」可以推導出氣體的體積與壓力成反比，並與絕對溫度成正比，也就是「理想氣體定律」。嚴格來說，這三個定律只有使用「理想氣體」（不考慮分子體積與分子之間作用力等要素的假想氣體）才會成立。現實中的氣體在降低溫度或是壓力升高時，並不會完全成正比（反比）。

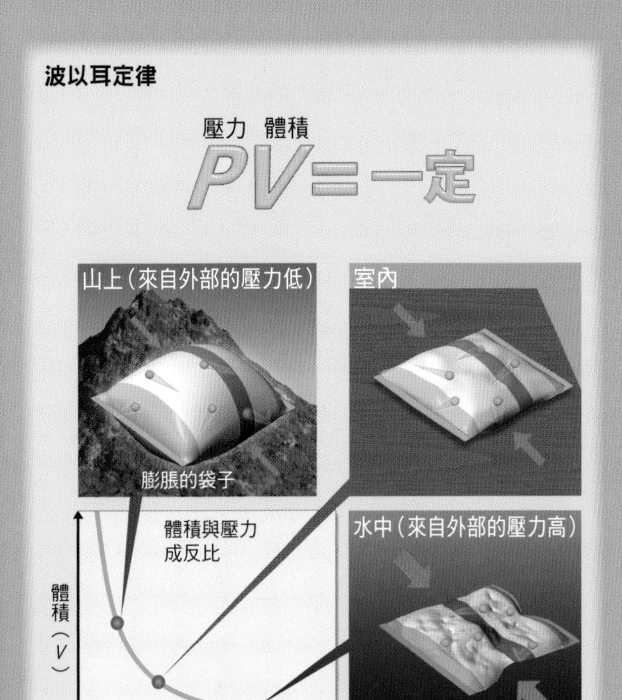

當溫度維持一定而壓力降低時，體積就會變大。

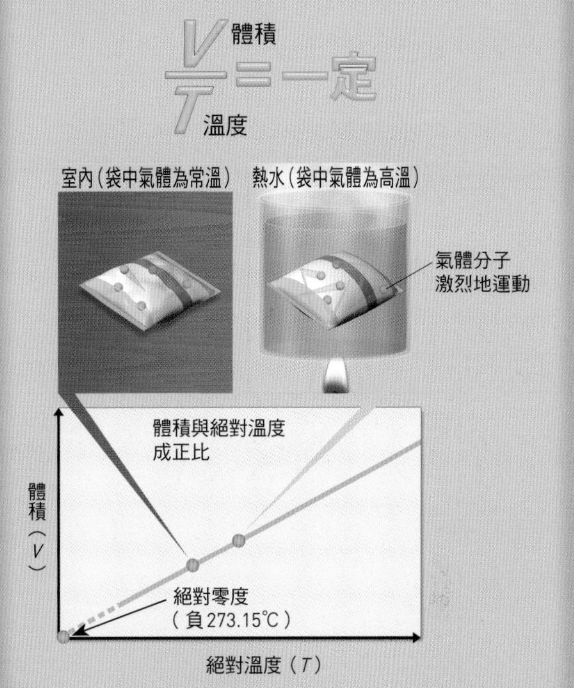

當壓力維持一定而袋中溫度上升時，體積就會增加。

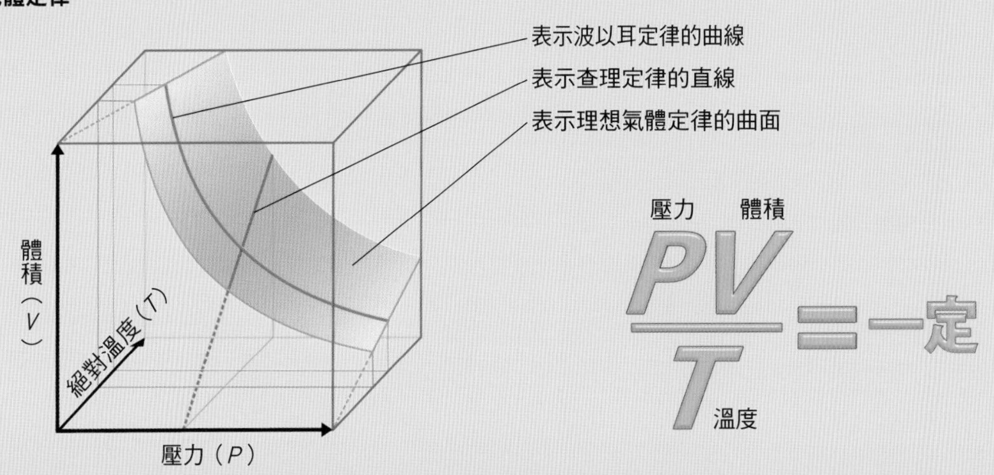

氣體的體積與壓力成反比，與絕對溫度成正比。

化學與生物的定律

中心法則

細胞製造「蛋白質」乃生命的基本原理

構成生物軀體之細胞的最重要工作，就是根據DNA所儲存的遺傳訊息製造出各種各類「蛋白質」（protein）。生物的機能幾乎都是由蛋白質作用而來，而決定其機能的藍圖，就以遺傳訊息的形式寫入位於細胞內的DNA中。

DNA含有腺嘌呤（A）、胸腺嘧啶（T）、鳥嘌呤（G）與胞嘧啶（C）這四種「鹼基」（base）。鹼基的排

細胞根據DNA儲存的遺傳訊息，製造蛋白質的機制程序

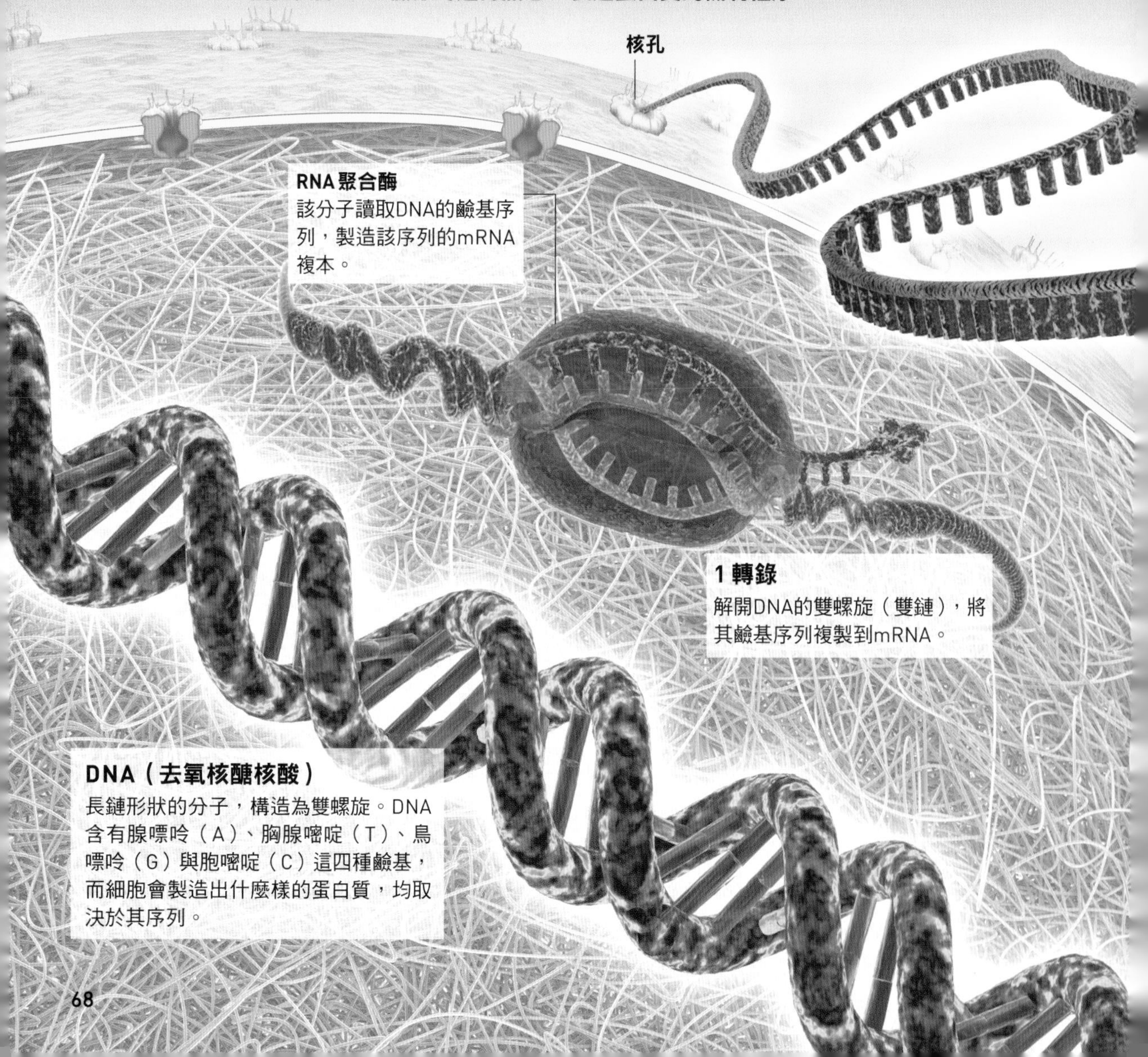

列（鹼基序列）含有遺傳訊息，而細胞就是根據這些訊息來製造各種蛋白質。從DNA到製造蛋白質的程序，可參考下圖所示。

將製造蛋白質的遺傳訊息以DNA→RNA→蛋白質的方式單向傳遞，就稱為「中心法則」（central dogma）。此乃所有生物身上共通的生命基本原理。

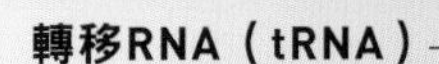

該分子負責將細胞內各種胺基酸運送到核醣體。

信使RNA（mRNA）

與DNA十分相似，由鹼基、核糖與磷酸組成的分子。mRNA能複製DNA的遺傳息訊，並將其帶到細胞核外。

核醣體

會根據mRNA的訊息與胺基酸連結，並合成蛋白質的分子複合體。

胺基酸

2 轉譯

根據mRNA的鹼基序列，連結胺基酸並製造蛋白質。

細胞核

蛋白質

由各種胺基酸組成的串珠狀，賦予生命活動的高分子化合物。人體能夠製造出高達10萬種的蛋白質。

化學與生物的定律

全有全無律

神經細胞的興奮反應只分有或無

當眼睛與耳朵這類感覺器官獲得資訊時，這些刺激會傳達給神經細胞。接著，當受到刺激的神經細胞興奮時，就會再將刺激傳遞給下一個神經細胞。而當刺激最終傳達到腦部時，腦便能認知到此資訊。

神經細胞的興奮，是由流入其內部的鈉離子（Na^+）所引發。然而，如果神經細胞受到的刺激沒有達到一定強度（閾值，limen），鈉離子就不會流入細胞內，神經細胞也不會興奮。

反之，即使神經細胞受到比閾值更強的刺激，也不會隨著閾值強度而更加興奮。簡單來說，受到刺激的神經細胞，只有興奮或不興奮這兩種情形。這就稱為「全有全無律」（all-or-none law）。

神經細胞

軸突

局部的電流流動

當鈉離子流入神經細胞的內部後，內部電位會急速轉為正，使得電流能局部流動。如此一來，當鄰近的鈉離子通道感知到上述的這些電流時，會讓鈉離子也流入其細胞內部。反覆進行這樣的動作，電的刺激因此就能在神經細胞內部接續移動。

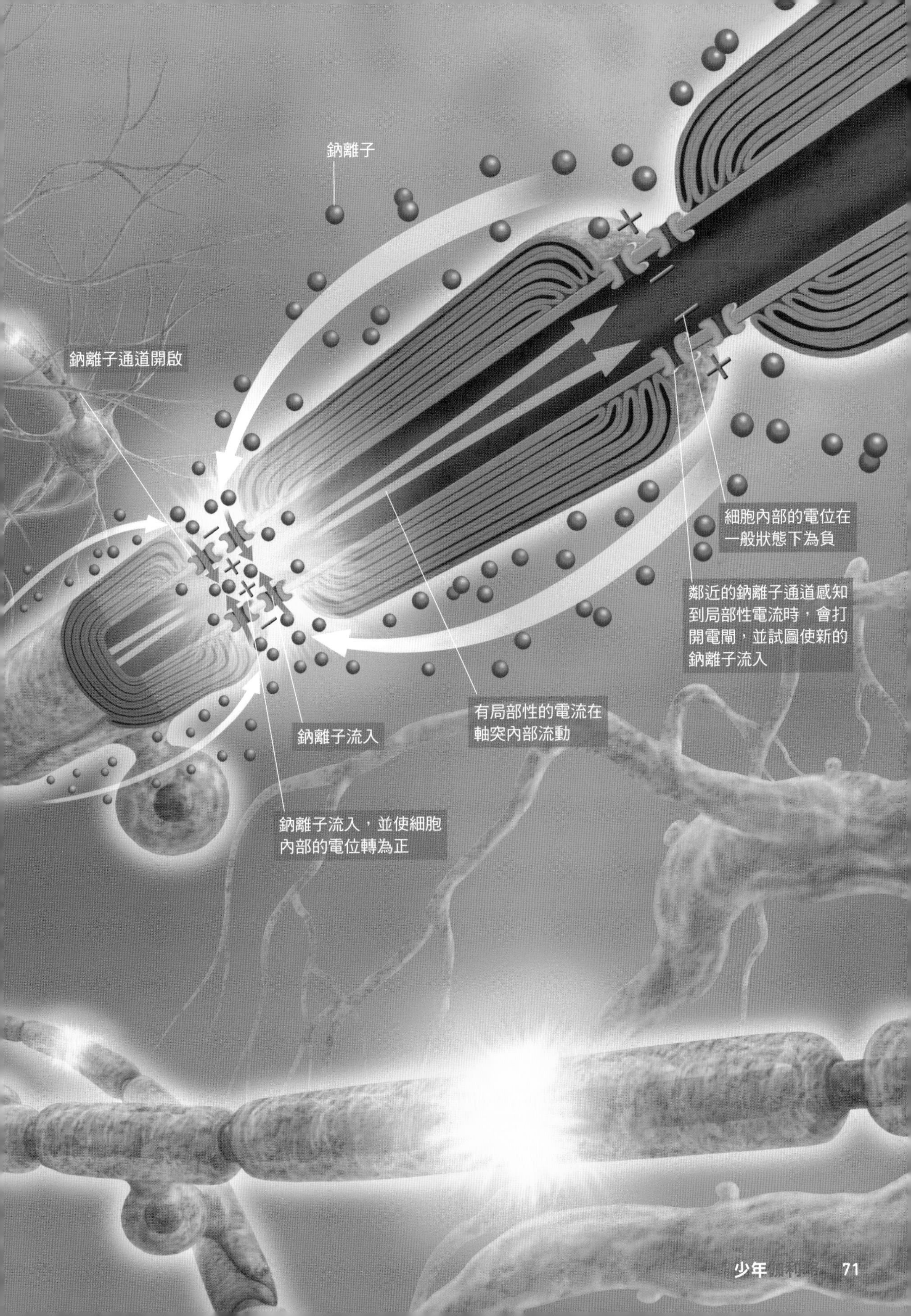
鈉離子
鈉離子通道開啟
細胞內部的電位在
一般狀態下為負
鄰近的鈉離子通道感知
到局部性電流時，會打
開電閘，並試圖使新的
鈉離子流入
有局部性的電流在
軸突內部流動
鈉離子流入
鈉離子流入，並使細胞
內部的電位轉為正

Column

Coffee Break

煉金術是化學始祖

時值1669年，德國鍊金術師布蘭德（Hennig Brand，約1630～1692）將大量的人類尿液煮沸。所謂煉金術師的這一群人，乃透過加熱或與其他物質混合的方法，試圖將鐵與鉛之類的便宜金屬轉變成金等貴重金屬。布蘭德是為了相關研究的部分環節而分析尿液。

藉由煮沸尿液，布蘭德獲得黑色的沉澱物，而當他進一步強力加熱後，這沉澱物就變為白色的物質，並發出明亮的光芒。右圖所描繪的就是當時的情境。之後，人們知道這個現象乃是由於尿液中的磷被引燃所致。化學元素的概念在當時尚未確立，而事實上，此事件正是人類發現新元素之最早的明確紀錄。

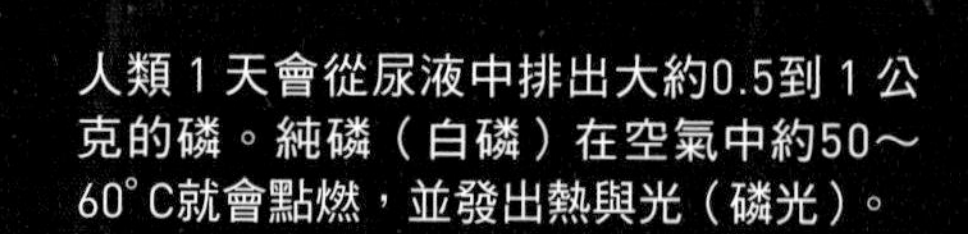

人類 1 天會從尿液中排出大約0.5到 1 公克的磷。純磷（白磷）在空氣中約50～60°C就會點燃，並發出熱與光（磷光）。

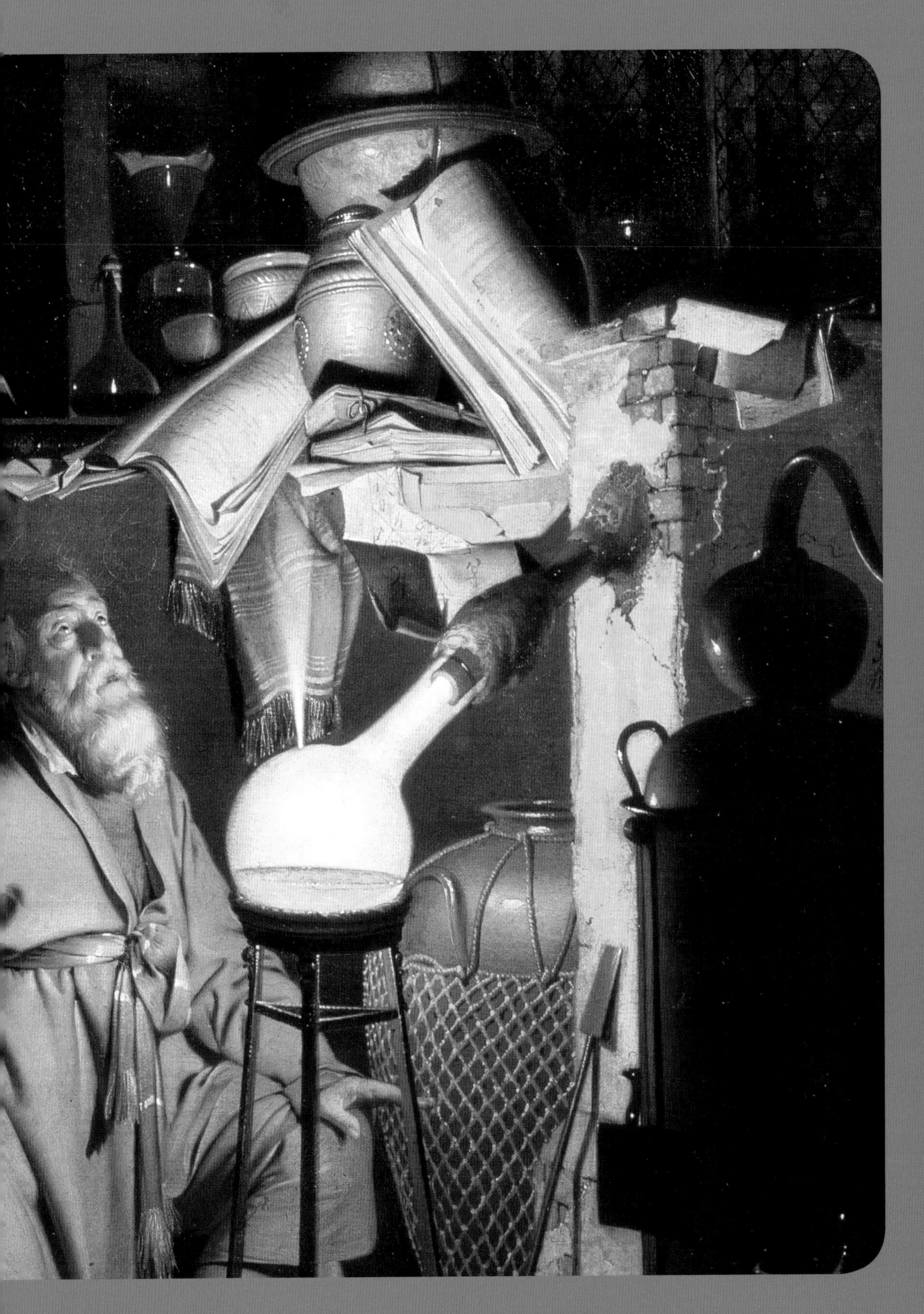

其他各種定律

在此推介幾個本書未曾介紹的定律，並附上解說。

力與波的定律

平行四邊形定律　「力的大小」、「方向」以及「力作用的地點」（作用點），稱為「力的 3 要素」，並且可以用箭矢符號（向量）來表示。以兩個力的箭矢分別做為平行四邊形的 2 個邊並拉出對角線，該對角線就是這兩個力的合力。這個合成向量的方法就稱為「平行四邊形定律」（parallelogram law）。

作用與反作用定律　A物體施力於B物體時，B物體也會對A物體施以大小相同但方向相反的力（反作用），這就稱為「作用與反作用定律」（law of action and reaction）。

槓桿原理　槓桿上共有「支點」（支撐槓桿的點）、「施力點」（施加力的點）與「抗力點」（承受施力的點）這三個點。以支點為中心並施力於施力點，讓槓桿向下旋轉，位在抗力點上的物體就能輕鬆拿取，此稱為「槓桿原理」（lever rule）。

作功原理　當要讓相同質量的物體移動到相同位置時，無論移動的方法為何，最終作功（work）的量都會相同。也就是說，作功量的總和不變。

阿基米德原理　物體的浮力會與它在水中所排開的水重相同。此為「阿基米德原理」（Archimedes' principle），請見右圖。

帕斯卡定律　帕斯卡定律（Pascal's law）是指「在流體的內部，作用於等高面上的壓力在任何地點大小均相同，且壓力的方向與面垂直」以及「對密閉空間中的部分流體施加壓力時，所施壓力會以相同的大小傳遞到整個流體」。

白努利定理　「白努利定理」（Bernoulli's theorem）是指當液體與氣體沿著曲線（流線）運動時，流體的壓力與每單位體積的動能之和，即使移動，其值也會固定不變。

磁與電的定律

電荷守恆定律　電子移動前後的電荷量總和不變，此即為「電荷守恆定律」（law of conservation of charge）。

克希何夫定律　「克希何夫定律」（Kirchhoff's laws）的第 1 定律與電流相關，是指在線路上 1 點流入的電流之和，與流出的電流之和最終會相同。第 2 定律則是有關電壓，乃指存在於線路中的電動勢（electromotive force，作功使電位向上）之和，會與電壓降（voltage drop，作功使電位向下）之和相同。

化學的定律

質量守恆定律　「質量守恆定律」（law of conservation of mass）是伴隨化學變化而改變質量的定律。指化學反應前後的物質總質量均不會改變。

定比定律　「定比定律」（law of definite proportions）是指化合物組成元素之間的質量比與產

生方式無關，並且總是不變。

倍比定律　「倍比定律」(law of multiple proportions)是指由A與B這2種元素所組成的數種化合物，如果A元素質量固定，則各化合物中B元素的質量將呈簡單整數比。

氣體反應體積定律　「氣體反應體積定律」又稱「給呂薩克定律」(Gay-Lussac's law)，是指在2種以上氣體參與的情形中，於壓力與溫度不變的條件下進行化學反應，則反應氣體或所產生的氣體體積呈簡單整數比。

道耳吞分壓定律　在相同條件的容器中，將注入A氣體的壓力設為P_A，注入B氣體的壓力設為P_B。當A與B氣體注入同一容器中混合時，若兩者沒有發生化學反應，則混合後的氣體總壓力為各個氣體成分的壓力之和，稱為「道耳吞分壓定律」(Dalton's law of partial pressure)。

亨利定律　難以溶於液體的氣體，當溫度固定時，其溶於同量液體的質量（或者說物質之量）與該氣體的壓力（或分壓）成正比。此即「亨利定律」(Henry's law)。

凡特何夫律　在低濃度的溶液中，滲透壓、溶液體積、絕對溫度與溶質的物量之間，會成立「滲透壓×體積＝物質之量×氣體常數×絕對溫度」的關係。這就是「凡特何夫定律」(van't Hoff's law)。

法拉第電解定律　電解時，在正負極產生的物質之量會與通過的電流量成正比。這就是「法拉第電解定律」(Faraday's laws of electrolysis)。

赫斯定律　「赫斯定律」(Hess's law，又名反應熱加成性定律)是指反應熱與反應途徑無關且為固定，因取決於其開始與結束的狀態。

化學平衡定律　假設將A_2物質與B_2物質放入密閉容器中，並產生2AB物質的可逆反應（$A_2+B_2 \rightleftarrows 2AB$）。當向右與向左的反應速度相等，化學反應看似停止一樣，即稱達「化學平衡」(chemical equilibrium)。此時，各物質的濃度會成立如下關係：$[AB]^2/[A_2]\cdot[B_2]=$常數。此一常數名為「平衡常數」，為化學反應中固定的值，只要溫度不變就不會改變。此定律又稱為「質量作用定律」(law of mass action)。

勒沙特列原理　「勒沙特列原理」(Le Chatelier's principle)是指當可逆反應處於平衡狀態時，如果改變濃度與壓力、溫度等條件，可逆反應會朝影響最小的方向進行，並達到新的平衡狀態。

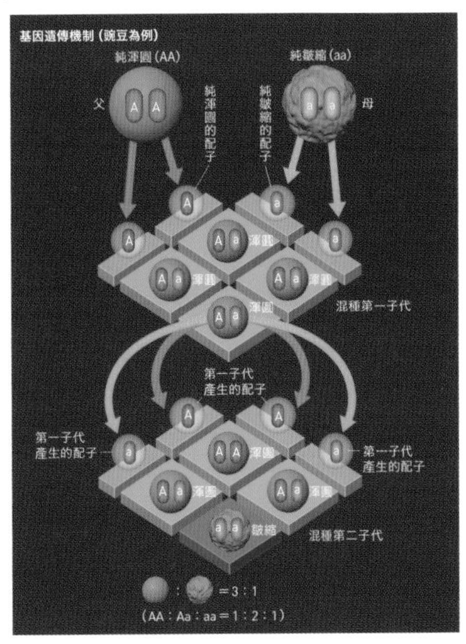

生物的定律

孟德爾定律　19世紀奧地利植物學家孟德爾（Gregor Mendel，1822～1884）以豌豆反覆進行交配實驗所發現的遺傳相關定律。由「顯性律」與「分離律」組成（參見右圖）。

哈地－溫伯格定律　若以某族群達到一定規模，且隨機進行交配等條件為基礎，則該族群中對偶基因(alleles)的頻率，即使經過世代反覆交配也不會改變。由英國數學家哈地（G. H. Hardy）與德國醫生溫伯格（W. Weinberg）分別發現，因此合稱「哈地－溫伯格定律」(Hardy–Weinberg law)。

Column

Coffee Break

只用一個數學式表示全宇宙

右頁所示的數學式是「掌管宇宙一切的數學式」。如果運用這個數學式，那麼物體如何運動、物體之間會有怎樣的力作用等等，可以說幾乎宇宙中所有現象，原則上都可以計算出來。

此一數學式是推導自描述基本粒子（elementary particle）運動的「標

只要知道空間、時間以及基本粒子，就能夠解釋宇宙的一切！

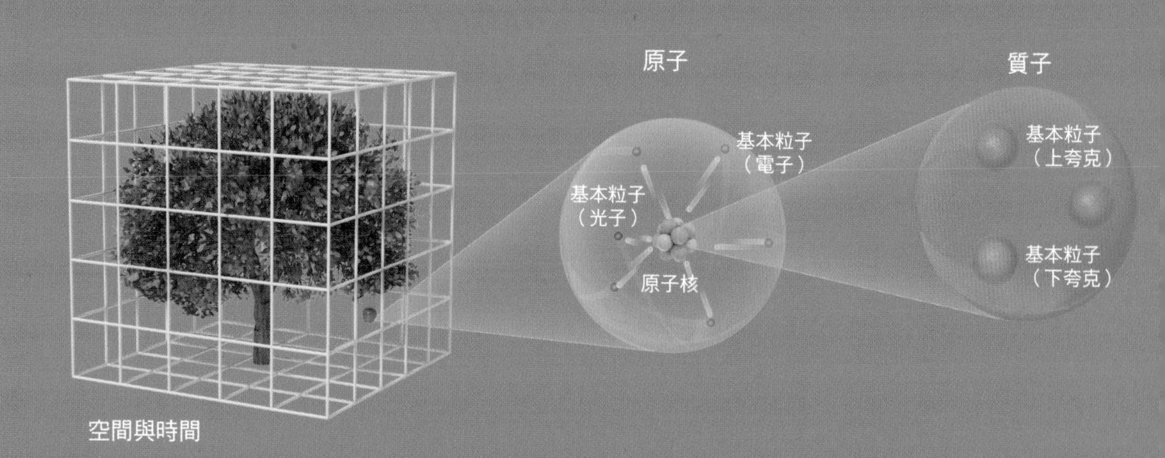

蘋果這樣的物體亦是由物質的最小單位「基本粒子」所組成。此外，蘋果自樹上掉落的現象，乃發生在空間這個「舞台」上。因此，只要知道基本粒子的運動與空間（與時間）的性質，原則上就可以解釋宇宙中的一切。能將其以一個數學式表示出來的，就是「掌管宇宙一切的數學式」。

準模型」(Standard Model,SM),以及描述重力作用的「相對論」。掌管宇宙一切的數學式,是與「基本粒子」及「重力」相關的公式。

當持續分割物質,最終會細分到再也無法分割的最小粒子。此之謂「基本粒子」。現代物理學也運用基本粒子能夠傳遞全部力的概念來解釋力的作用。

此外,現已視重力為空間(與時間)的扭曲。原則上,如果能夠知道空間與時間的性質,以及基本粒子的運動方式,那麼,我們就能了解宇宙的一切。

掌管宇宙一切的數學式

$$S=\int d^4x\sqrt{-\det G_{\mu\nu}(x)}\ \left\{\frac{1}{16\pi G_N}\left(R[G_{\mu\nu}(x)]-\Lambda\right)\right.$$
$$-\frac{1}{4}\sum_{j=1}^{3}\mathrm{tr}\left(F_{\mu\nu}^{(j)}(x)\right)^2\quad+\sum_f\overline{\psi}^{(f)}(x)\ i\not{D}\ \psi^{(f)}(x)$$
$$+\left|D_\mu\Phi(x)\right|^2-V[\Phi(x)]$$
$$\left.+\sum_{g,h}\left(y_{gh}\ \Phi(x)\ \overline{\psi}^{(g)}(x)\ \psi^{(h)}(x)+h.c.\right)\right\}$$

結語

這本《定律》的介紹到此告一段落。從物理現象、化學反應到天體運動等，當我們涉入自然科學的各個領域，就會觸及許多定律。

定律是眾多科學家為了毫無矛盾地正確解釋自然現象、反應以及運動的機制，經過無數次奮戰後才獲得的結論。透過定律的建立，人類得以了解各種現象之肇因，並預測其結果。

除了本書列舉的定律之外，自然科學領域中還有許多的定律亟待大家的探索與鑽研。如果想要了解更多，可以參考人人伽利略09《單位與定律：完整探討生活周遭的單位與定律！》

【少年伽利略 26】

定律
掌握52個科學定律重點

作者／日本Newton Press
執行副總編輯／陳育仁
翻譯／吳家葳
編輯／林庭安
發行人／周元白
出版者／人人出版股份有限公司
地址／231028 新北市新店區寶橋路235巷6弄6號7樓
電話／（02）2918-3366（代表號）
傳真／（02）2914-0000
網址／www.jjp.com.tw
郵政劃撥帳號／16402311 人人出版股份有限公司
製版印刷／長城製版印刷股份有限公司
電話／（02）2918-3366（代表號）
經銷商／聯合發行股份有限公司
電話／（02）2917-8022
香港經銷商／一代匯集
電話／（852）2783-8102
第一版第一刷／2022年8月
定價／新台幣250元
港幣83元

國家圖書館出版品預行編目（CIP）資料

定律：掌握52個科學定律重點
日本Newton Press作；
吳家葳翻譯. -- 第一版. --
新北市：人人出版股份有限公司, 2022.08
面； 公分. —（少年伽利略；26）
ISBN 978-986-461-298-7（平裝）
1.CST：科學 2.CST：通俗作品

307.9 111009499

Staff

Editorial Management 木村直之
Design Format 米倉英弘＋川口 匠（細山田デザイン事務所）
Editorial Staff 小松研吾，谷合 稔

Photograph

72～73 AKG Images/PPS通信社

Illustration

Cover Design 宮川愛理
2～19 Newton Press
20 【ホイヘンス】小﨑哲太郎
20～33 Newton Press
34～35 吉原成行
36～57 Newton Press
58～59 小林 稔
60～77 Newton Press